作 者 简 介

　　王晓丽，博士，教授，博士研究生导师，内蒙古师范大学化学与环境科学学院化学系主任。全国教育硕士优秀教师，国家公派美国马萨诸塞大学访问学者，内蒙古自治区教坛新秀，内蒙古自治区级精品课程负责人，主持国家自然科学基金项目3项，荣获内蒙古青年科技创新奖二等奖。

内蒙古师范大学七十周年校庆学术著作出版基金资助出版

煤矸石合成沸石吸附剂及其吸附性能研究

王晓丽 著

科学出版社

北京

内 容 简 介

内蒙古自治区是产煤大省,排放的固体废弃物——煤矸石的堆积给生态环境带来严重危害。以廉价的煤矸石为原料,制备出 A 型、X 型、LSX 型沸石吸附剂并进行表征,研究优化条件及合成动力学,探讨影响因素、吸附性能及其机理。本书的研究内容为煤矸石沸石吸附剂在废水处理中的应用提供参考,进一步为内蒙古煤矸石资源化充分利用提供理论支持。

本书可供理、工、农院校和从事化学、固体废弃物再利用及环境保护方面工作的科技人员阅读和参考。

图书在版编目(CIP)数据

煤矸石合成沸石吸附剂及其吸附性能研究/王晓丽著. —北京:科学出版社,2022.6

ISBN 978-7-03-072061-0

Ⅰ. ①煤… Ⅱ. ①王… Ⅲ. ①煤矸石-合成-沸石-吸附剂-研究 Ⅳ. ①O647.33

中国版本图书馆 CIP 数据核字(2022)第 062796 号

责任编辑:贾 超/责任校对:杜子昂
责任印制:吴兆东/封面设计:东方人华

科学出版社 出版
北京东黄城根北街 16 号
邮政编码:100717
http://www.sciencep.com
北京中石油彩色印刷有限责任公司 印刷
科学出版社发行 各地新华书店经销

*

2022 年 6 月第 一 版　开本:720×1000　1/16
2023 年 1 月第二次印刷　印张:14　插页:1
字数:250 000

定价:98.00 元
(如有印装质量问题,我社负责调换)

目　　录

第 1 章　煤矸石 ·· 1
1.1　煤矸石的来源 ··· 1
1.2　煤矸石的特性 ··· 2
1.3　煤矸石的组成及分类 ··· 2
1.4　煤矸石的危害 ··· 3
1.4.1　对土壤的危害 ··· 3
1.4.2　对空气的危害 ··· 4
1.4.3　对水体的危害 ··· 4
1.5　煤矸石的资源化应用 ··· 4
1.5.1　煤矸石发电 ··· 5
1.5.2　煤矸石用作工程填料 ···································· 5
1.5.3　煤矸石制建材 ··· 6
1.5.4　煤矸石制备肥料 ·· 7
1.5.5　煤矸石的其他高附加值应用 ························· 7
1.6　煤矸石的研究现状 ·· 8
参考文献 ·· 9

第 2 章　沸石 ··· 12
2.1　沸石的定义 ·· 12
2.2　沸石分子筛的类型与结构 ······································· 12
2.2.1　A 型沸石 ··· 13
2.2.2　X 型沸石 ··· 13
2.3　沸石的主要合成方法 ·· 14
2.4　沸石的性能 ·· 17
2.5　沸石的应用 ·· 17
2.5.1　水处理方面 ·· 18

2.5.2 空气净化方面 …… 20
2.5.3 土壤修复中的应用 …… 20
2.6 沸石的研究现状 …… 21
参考文献 …… 22

第 3 章 煤矸石合成沸石及其表征 …… 26
3.1 煤矸石合成 A 型沸石及其表征 …… 26
3.1.1 内蒙古部分地区煤矸石样品表征分析 …… 26
3.1.2 鄂尔多斯地区煤矸石（A 样）制备 A 型沸石实验探究 …… 30
3.1.3 乌海地区煤矸石（B 样）制备 A 型沸石实验探究 …… 39
3.1.4 乌海地区煤矸石（C 样）制备 A 型沸石实验探究 …… 52
3.2 煤矸石合成 X 型沸石及其表征 …… 68
3.2.1 内蒙古部分地区煤矸石样品表征分析 …… 68
3.2.2 赤峰地区煤矸石（D 样）制备 X 型沸石实验探究 …… 72
3.2.3 呼伦贝尔地区煤矸石（E 样）制备 X 型沸石实验探究 …… 90
3.3 煤矸石合成 LSX 型沸石及其表征 …… 102
3.3.1 煤矸石的表征分析 …… 102
3.3.2 煤矸石合成 LSX 型沸石条件的优化 …… 104
3.3.3 LSX 型沸石的表征分析 …… 119
3.3.4 本节小结 …… 124
参考文献 …… 124

第 4 章 煤矸石合成沸石的吸附性能及机理探讨 …… 126
4.1 A 型沸石的吸附性能及机理探讨 …… 126
4.1.1 鄂尔多斯煤矸石制备 A 型沸石对含铅、镉废水的吸附 …… 126
4.1.2 乌海地区样品（B 样）制备 A 型沸石对模拟含氟、砷废水的吸附研究 …… 138
4.1.3 乌海地区样品（C 样）制备 A 型沸石对模拟含氟、磷废水的吸附研究 …… 151
4.2 X 型沸石的吸附性能及机理探讨 …… 165
4.2.1 煤矸石合成 X 型沸石对铜、汞离子的吸附研究 …… 165
4.2.2 煤矸石合成 X 型沸石对模拟氨氮、硝态氮废水的吸附性能研究 …… 185
4.3 煤矸石合成 LSX 型沸石的吸附性能及机理探讨 …… 200
4.3.1 吸附条件的探究 …… 200

  4.3.2 吸附动力学的探究 ·· 203
  4.3.3 等温吸附的探究 ··· 206
  4.3.4 再生实验 ·· 208
  4.3.5 本节小结 ·· 209
 参考文献 ·· 209
第 5 章 研究结论与展望 ·· 213
 5.1 各地煤矸石合成沸石的研究结论 ·· 213
  5.1.1 合成 A 型沸石 ··· 213
  5.1.2 合成 X 型沸石 ··· 214
  5.1.3 合成 LSX 型沸石 ··· 215
 5.2 研究展望 ·· 215

第 1 章

煤 矸 石

在当今经济快速发展的时代，人类正面临着日益突出的资源与环境问题。近些年为加快经济发展，煤炭资源从最开始的滥开滥采发展为现在大规模的开采，在带来巨大的经济效益时也造成资源的过度消耗。煤炭是世界上最重要的一次能源之一，我国煤炭储量巨大，现保有储量为19455.34亿吨，已开采利用的约占20.8%，剩余资源量约占79.2%。我国的煤炭资源在地理位置上呈现明显的"西多东少，南贫北富"的状态，煤炭资源主要分布在内蒙古、山西、陕西、云南和贵州等省区。内蒙古自治区地大物博，有着"东林西铁，南粮北牧，遍地是煤"之称（张金山等，2017）。

煤矸石是煤炭开采、洗选过程排放的固体废弃物，其大量堆积会给生态环境带来严重危害。煤矸石的大量堆放不仅侵占农田、耕地面积，还会造成严重的环境污染问题。煤矸石作为废弃能源矿物，具有巨大的潜在利用价值。BP世界能源统计表明，2020年世界煤炭产量77.4亿吨，中国的煤炭产量占世界产量的50.4%，而煤矸石产量约占煤炭产量的10%。尽管50%~60%的煤矸石用于发电、填埋、筑路、建材，但其堆存量仍很大，近年来堆存量占产生量的比例仍高于35%，这些数据表明，目前煤矸石的资源利用比例仍然较低。

1.1 煤矸石的来源

煤矸石是在成煤过程中与煤伴生的一种含碳量低、热值低、硬度大的一种灰黑色岩石，既是一种工业固体废弃物，也是一种低热值燃料（李静等，2017）。煤矸石主要的来源有以下几种：露天煤矿的剥离和巷道掘进过程中产生的矸石，采煤和煤巷掘进过程中产生的普矸，煤炭洗选过程中产生的煤矸石（郭彦霞等，2014）。

1.2 煤矸石的特性

煤矸石质地坚硬,具有灰分较高、低碳质成分和热值较低等特点(Zhou C et al., 2014)。煤矸石自身没有活性,但粉末状的煤矸石在高温焙烧后,其中含有的硅铝酸盐等成分发生脱水和吸热反应,脱去含有的碳质,产物表面和内部产生空隙,增大其表面积,且大大增加了其潜在活性(王世林等, 2019;陈莉荣等, 2014)。由于氧化硅和氧化铝含量较高,所以煤矸石的灰熔点较高,可作为耐火材料,煤矸石具有一定的膨胀性、可塑性和收缩性,也具有一定的强度和硬度(杨莎莎等, 2017)。

1.3 煤矸石的组成及分类

煤矸石是一种沉积岩,主要由碳质页岩、煤炭、泥质页岩及砂岩等组成(梁永生, 2019),它的主要矿物成分为高岭石、石英、伊利石、蒙脱石、云母、方解石、长石等。根据其矿物组成可将煤矸石按矿物学分类为黏土矿型(矿物组成为高岭石、砂岩、炭质页岩、蒙脱石、硫铁矿等)、砂岩型(一般含有石英、长石和云母等)、碳酸岩型(一般含有方解石、白云石、菱铁矿等)和铝制岩型(一般含有高铝矿物及石英、褐铁矿、方解石等)(张金山等, 2017;岳娟, 2010)。

煤矸石的化学组成随产地的不同,其含量和种类略有差异,通常以Al_2O_3、SiO_2为主,并含有不等量的Fe_2O_3、CaO、MgO、K_2O、Na_2O、CaO等和微量的U、Ga、Ge、V、Hg、Cr、Sc、Mn、Pb及痕量稀土元素(Ren J et al., 2013;Dai S et al., 2016)。这些都为煤矸石合成沸石吸附剂提供了物质基础。内蒙古不同地区煤矸石的主要化学成分见表1-1。

表1-1 内蒙古不同地区煤矸石的主要化学成分

产地	含量/%						
	SiO_2	Al_2O_3	Fe_2O_3	CaO	MgO	K_2O	Na_2O
内蒙古老牛湾	42.16	35.74	0.26	0.56	0.12	0.16	0.83
内蒙古锡林郭勒	15.45	6.36	30.67	10.96	0.98	—	0.032
内蒙古鄂尔多斯市	40.14	26.55	0.29	0.18	0.12	0.25	0.36
内蒙古赤峰市	48.68	16.27	2.02	0.89	0.72	—	0.093
内蒙古呼伦贝尔	61.68	19.18	2.62	0.25	0.15	0.20	0.57

说明:煤矸石成分复杂,表中为其主要成分,"—"表示未测其含量。

1.4 煤矸石的危害

我国的煤炭资源相对来说比较丰富，由于个别部门的管理不善、保护不到位，各种不合理的滥开滥采行为，导致我国的煤炭资源出现了不少严重的问题（张杰文，2019）。煤矸石通常露天堆放以煤矸石山的形式储存。据统计，截至2020年，我国煤矸石堆积量已达到70亿吨，其中规模较大的矸石山达1600座，占地约1.5万公顷（杨丰隆，2020）。煤矸石已成为我国积存量和年产量最大、占用堆积场地最多的一种工业固体废弃物。煤炭企业每年还需投入大量资金来解决矸石山由于自然堆积导致结构疏松、稳定性差而引发的矸石山坍塌、滑坡及泥石流等地质灾害问题。因此加大煤矸石的资源化利用已成为解决其带来的社会、环境问题的有效途径。

煤矸石的大量堆放不仅侵占农田、耕地面积，还会造成严重的环境污染问题。煤矸石长期堆放，其风化产生的有害可溶盐及有毒重金属会随着雨水淋溶和渗滤而污染地下土壤和水体，导致土壤盐渍化影响农作物生长，水体污染而危及人体及其他生物的健康。煤矸石中含有部分硫化物，如煤矸石中夹杂的黄铁矿的主要成分为 FeS_2 易被氧化，产生的气体会影响周围作物的生长以及污染周边的大气和水源（林漫亚，2018）。且煤矸石因自燃产生 SO_2、CO、H_2S、NO_x 等有毒有害气体严重污染大气，对矿区的空气质量及居民的身体健康造成严重威胁。内蒙古自治区乌海地区曾是我国最大的煤层自燃区，大量堆积的矸石山也会有自燃的现象，所以导致周围空气中的二氧化硫浓度和硫化氢浓度含量严重超标。大量的矸石山长期堆积得不到有效处理，经过长期的氧化、风化和雨水的浸泡也会使得矸石山变得容易自燃（李海东等，2018）。

1.4.1 对土壤的危害

土壤是极难再生的资源，生成1cm厚的土壤需要300~500年的时间（苏强平，2004）。煤矸石作为固体废弃物被大量的堆放在矿区及其周围，侵占了大量的土地资源。煤矸石中还常含有 Hg、Pb、Cr 等重金属元素，经雨水淋洗之后进入土壤，对土壤造成污染，煤矸石中的细微颗粒可释放出一些有毒的有机物质，造成土壤污染。煤矸石所堆放位置温度较高，易自燃，表面植被难以存活，破坏土地原有风貌。

1.4.2 对空气的危害

煤矸石的堆放及处理过程中，都会不同程度地产生飘尘、碳氧化物、氮氧化物、硫氧化物等空气污染物（雷建红，2017）。一般在堆放矸石时，煤矸石与煤矸石间空隙较大易于透气，这使矸石山的自燃性较大（雷建红，2017）；且自燃过程中，会产生 CO、SO_2、P_2O_5 等有害气体污染空气（Querol X et al., 2011）；此外，煤矸石自燃还会产生多环芳烃类有机污染物，具有极强的致癌性（陈庆彩，2016；马静，2009）；人体吸入这些颗粒，会引起呼吸道及肺部疾病。这些有害气体严重危害生态环境，抑制作物生长，增加动植物病害甚至死亡率。

1.4.3 对水体的危害

煤矸石长时间堆积会渗出混合盐类水溶液，继续反应后煤矸石中的硫化物发生氧化反应，形成酸性物质，渗入到地下，对水体造成污染（潘志刚等，2005）。当煤矸石中有机物、重金属含量较高的时候，也会对水体造成有机物、重金属污染。长期受被污染水体影响，会造成水生生物死亡，严重的危害着人类及周围生物的生命安全（李灿华等，2016）。

1.5 煤矸石的资源化应用

煤矸石依据所含碳含量的高低可分为：一类（<4%）、二类（4%～6%）、三类（6%～20%）和四类（>20%）。对于含碳量较高的四类煤矸石，热值较大故常用来发电，二类、三类依据其含有的化学元素含量决定其用途：硅含量较高可用于制建筑材料，铝含量较高可用于生产化工用品（武彦辉，2019）。一类煤矸石由于含碳量较低主要用于铺路等方面（郭彦霞等，2014）。

煤矸石的治理有许多途径，可以将煤矸石作为填充物填充到一些坑洼地带，但这种处理方式后期会带来污染问题。部分煤矸石用来制取活性炭，提取氧化铝等以得到高附加值产品。据统计，2015年我国煤矸石产量约为7.3亿吨，利用率约为70%。若是对煤矸石进行高附加值的综合利用，即节约资源又改善环境，对可持续循环发展具有重要的战略性意义。目前我国煤矸石的综合利用途径主要根据碳含量和发热量的大小来选择（陈莉荣等，2014），主要有以下几个方面。

1.5.1 煤矸石发电

煤矸石本身是一种热值较低的能源材料,长期堆放,白白浪费了自然资源,也对环境污染较大。利用煤矸石发电,可以更好地使固体废弃物资源化处理(左鹏飞,2009)。国家能源局发布了《关于促进低热值煤发电产业健康发展的通知》,鼓励、扶持煤矸石发电,也对煤矸石综合利用进行了顶层设计(赵莹莹等,2017;李静等,2017)。随着煤矸石发电技术的发展,每年约有150万吨煤矸石被用于发电,约占煤矸石总量的20%(Yan Y et al.,2016)。通常含碳量大于20%,热值约为6270~12550kJ/kg的煤矸石代替煤炭用于发电和供热,充分利用煤矸石的有效热成分,有效减少了煤矸石的堆积。在矿区建立煤矸石发电厂可以解决矿区的供热和供电问题,也可以增加煤矿的经济效益。辽宁、山西、宁夏等地都建立起了煤矸石发电厂,有效地降低了发电发热的成本,也解决了大量煤矸石废弃物的堆放与污染问题,为节能减排做出了很大贡献(王军,2010;陈立伟,2008)。赵艳翠(2018)也对目前煤矸石电厂的脱硫问题进行了探索,通过对不同地区的煤矸石中含硫量的大小,分别讨论了不同脱硫方式的适用性。煤矸石发电技术也因其绿色环保的优势有很大的发展前景。

煤矸石发电由于入炉燃料热值低、颗粒大、硬度高、用量大,导致锅炉设备磨损大、灰渣排放量大、飞灰及烟尘多(张晶等,2014)。所以,煤矸石发电在解决废弃能源堆放问题的同时,也面临着进一步的工业"三废"处理的环保问题。

1.5.2 煤矸石用作工程填料

在煤炭开采过程中会造成大面积的采空区,造成地表裂缝、沉降坍塌的现象,对环境造成了极其恶劣的影响,也威胁着人们的生命安全。用生产出的固体废弃物煤矸石不需要作任何处理来填充矿坑和采空区是经济便捷的填充方法,而且用量大,是煤矸石的传统处理方法(郭宇等,2016;何峰等,2011)。含碳量小于4%的煤矸石难以利用其热值,主要用于回填采煤塌陷区和矿井采空区,或者用作填筑公路和铁路的路基等无害化处理(Wu et al.,2016)。以煤矸石混合料做道路基层材料在强度、冻稳性和抗温缩防裂等性能上均满足各等级的公路规范要求。刘春荣研究了煤矸石干密度、含水量等性质,并且对于煤矸石应用于路基所存在的问题进行了探讨，其认为煤矸石是一种良好的筑路材料（刘春荣等，2001）；于雪斗（2013）对研究地区的煤矸石的性能进行研究，证明其满足应用于路堤填料的要求，并且以煤矸石作为填料其具有一定的经济优势。

1.5.3 煤矸石制建材

近年来，利用含碳量小于20%，热值小于2090kJ/kg的煤矸石作为回填、建筑材料是消耗煤矸石的有效途径之一。含碳量在4%~20%之间的煤矸石代替黏土作为制砖、水泥、陶瓷、混凝土、轻骨料的原料，能够提高复合材料的物化性能并降低材料的生产成本。利用煤矸石生产免烧砖，不仅能将煤矸石资源化利用，而且还减少能耗（李寿德等，2009；蒋正武等，2007）。煤矸石中含有大量的高岭土成分，先将煤矸石进行焙烧除碳，按照一定配比可以制备出性能良好的水泥（王永磊，2017）。张慧等（2018）通过将煤矸石与石膏、石灰、矿渣粉和水按照一定的比例进行混合，制备出了强度较高，耐久性较好的混凝土。王朝强等将煤矸石与矿粉混合，调整原料配比，添加适当的激发剂，制备出的无熟料水泥的抗压强度达到了24.1MPa，满足国标规定的砌筑水泥应达到的条件（王朝强等，2014）。

煤矸石自身的热值可以提供制砖所用热量，将煤矸石原料进行破碎与页岩、粉煤灰和黏土进行混合，调节配比，控制一定温度进行烧结挤压制成坯块可以制成砖块。刘佳乐（2018）通过单因素实验确定了煤矸石制备透水砖的配比及合成条件，制得了劈裂抗拉强度达到4.32MPa，透水系数为1.876×10^{-2}cm/s的优质透水砖。吴红等（2017）研究发现活化煤矸石能够显著提高煤矸石基免烧砖的胶凝性能，通过将煤矸石中的高岭土成分活化，使其硅铝酸盐呈现出无定形态，添加矿渣、沙子和水泥等物质，制备出了性能较好的免烧砖。周梅等（2017）研究发现经机械和热活化的煤矸石粉具有微集料和活性效应，对拌合物稠度有一定的改善作用，对混凝土碱-骨料膨胀反应有很好的抑制作用。Li等（2016）研究发现含40%煤矸石的玻璃-陶瓷泡沫具有最佳的孔隙率和强度。

煤矸石用作建筑材料，提高了其综合利用价值，同时在建材制品中固化了其化学成分，避免了煤矸石的二次污染。煤矸石在建筑材料中的应用，尽管提高了煤矸石的商业价值，但煤矸石中的丰富成分通过这种粗加工的方式仍没有被充分利用，而且相应可制作建材品种少，应用范围较窄，所以深入研究煤矸石综合利用技术，提高煤矸石高附加值利用途径是目前需要探索的新课题。

1.5.4 煤矸石制备肥料

煤矸石中除了含有大量的硅铝酸盐外，还含有许多有机质和植物生长所需要的一些微量元素，如 Cu、Zn、Co、Mn、B 等。对于有机质含量超过 20%、pH 6 左右的碳质泥岩类煤矸石可以用于改良土壤结构（张国权，2019）。利用煤矸石改良土壤，不仅可以使土壤的疏松度更大，还会对其肥效有很好的提高（田玲玲，2011）。这些微量元素和有机质含量比土壤中高，所以可以将煤矸石研碎与其他原料混合反应来制备化肥。张庆玲（1996）将煤矸石中加入一些添加剂制备出了煤矸石复合肥料，作用在农作物种植中，使得农作物产量增高。钱兆淦（1997）将苹果专用肥和煤矸石肥料分别作用在苹果试验田的种植上，矸石肥料比专用肥料的产量增加明显。在贾倩倩等（2012）将煤矸石中的不易溶于水的 P、K 等用硅酸盐细菌进行培养反应，使其变为可以被植物所吸收的有效磷和速效钾，结果表明煤矸石肥料中的有效磷和速效钾的含量均高于初始含量。袁向芬和谢承卫（2015）用巨大芽孢杆菌对高硫煤矸石进行培养，有效地提高了其有效氮磷钾的含量并解决了高硫煤矸石的堆放污染问题。

1.5.5 煤矸石的其他高附加值应用

煤矸石中常含有镓、钛等元素，这些元素的回收也是煤矸石的重要研究方向和利用途径之一。新的技术和进展主要集中在活性氧化铝、沸石、絮凝剂等新产品（孔德顺等，2013）。目前，经砖窑烧制的煤矸石密度低、强度高、抗冻，可代替砂石来制备各种建筑制品。此外，烧制的煤矸石还被用在食品、能源等领域，且其使用范围还在不断被拓展（李昆等，2019；徐浪浪，2013）。

1. 制备沸石分子筛

陈建龙（2014）以煤矸石为原料，将碱熔法进行了改进，通过对晶化条件的探究合成出了晶形较好的 NaA 和 NaX 型沸石分子筛。Ivan 等（2007）采用的方法是酸脱铝，将高岭土加入到硫酸溶液中，在煅烧温度 700～1000℃下进行脱铝处理，脱铝后的高岭土作为原料直接进行水热合成可以制备出 X 型分子筛。孔德顺等（2013）利用煤矸石制备 P 型沸石，且形貌清晰、晶型完整，对 Ca^{2+}、Mg^{2+} 有较大的离子交换量，可以实现煤矸石的高附加值利用。

2. 制备精细高岭土

煤矸石中的高岭土成分为合成沸石提供物质基础，合成的沸石用于垃圾渗滤液及废水处理等环境工程领域。高岭土是煤矸石的主要矿物成分，煤矸石通过提纯、超细粉碎、煅烧等精细加工技术，可生产超细煅烧高岭土，可用于造纸、填充剂和延展剂等方面（李金叶，2019）。李金洪以煤矸石为原料制备精细高岭土，对影响产物白度和细度的因素及焙烧条件对形貌的影响进行了研究，结果表明在煅烧条件为 1050℃、3h 时，可以得到白度较高、粒度较小的精细高岭土（王相等，2011）。

3. 制备化工产品

煤矸石中主要含有 Si、Al、Fe 及硅酸盐成分，通过适宜的方法提取有效成分，用于生产化工产品可增加煤矸石的工业和经济价值。含铝较高的煤矸石，可以用于提取 Al_2O_3，我国东北南票矿务局以洗煤厂煤矸石作为原料，每年可以生产 1 万吨结晶氯化铝（彭岩等，2008）；另外一些地区利用含 $Fe_2(CO_3)_3$、$Al_2(SO_4)_3$ 和 $MgSO_4$ 较高的煤矸石可以制备明矾（李建华，2011）。翟倩等（2018）以煤矸石为原料，在微波场中利用酸浸法提取了氧化铝，并对微波及酸浸条件进行了研究，结果表明在 500W 微波功率下，1/6 的液固比，在 80℃酸浸 50min 时氧化铝产率较高，且提出来的氧化铝可达到纳米级别。

目前来说，煤矸石利用低端化，地区间发展不平衡，相对来说，高附加值的利用途径较少。因此，煤矸石的综合利用，分类利用，开发其高附加值的利用显得尤为重要。

1.6 煤矸石的研究现状

齐登辉等（2016）研究发现，以煤矸石为原料合成的钾霞石具有良好的热稳定性和优良的液相脱汞能力，其脱汞率可达到 95.71%。陈莉荣等（2014）以煤矸石和高炉渣为原料合成的沸石对氨氮的去除率达 63%。吴涛等（2016）以煤矸石为原料合成晶型完整、轮廓清晰呈立方体结构的 4A 型沸石，其钙离子交换量可达 296.84mg/g（CaCO₃）干沸石。可见这一途径既提高了煤矸石的利用价值，变废为宝，又可以低成本获得应用前景巨大的高性能沸石材料。含有质量分数不少于 55% SiO_2、15% Al_2O_3、8% Fe_2O_3 的煤矸石是制备无机高分子絮凝剂的天然原料（连明磊等，2011）。张帅等（2013）研究发现用煤矸石制备絮凝剂工艺简单、成本低、水解速度快、吸附能力强、净水效率高，产品在处理焦化废水、印染废水生活废水都有广阔的应用前景。刘博等（2017）利用煤矸石制备的 SiO_2-Al_2O_3 气凝胶比表面积大且具有较好的介孔特征，产品在高温隔热材料、吸附剂、催化剂和催化剂载体等领域有着广泛应用。李燕（2017）以表面改性煤矸石粉、$Bi(NO_3)_3·5H_2O$ 和 NH_4Cl 为原料，制备出了 Bi_2S_3-BiOCl/煤矸石复合光催化剂，表现出较高的光催化降解能力。

可见煤矸石在化工方面的应用有很大的发展前景，但目前大多数研究仅限于实验室，对化工产品的工业化生产将是今后煤矸石主要的研究利用方向。

参 考 文 献

陈建龙. 2014. 煤矸石合成 NaA 和 NaX 型分子筛及其对重金属废水的吸附研究. 西安: 陕西师范大学
陈立伟. 2008. 攀矿煤矸石洁净燃烧发电的工程应用研究. 重庆: 重庆大学
陈莉荣, 张娜, 杜明展, 等. 2014. 内蒙古某煤矸石制备沸石试验. 金属矿山, (1): 167-171
陈庆彩. 2016. 环渤海沉积物多环芳烃胁迫下细菌群落变化的研究. 济南: 齐鲁工业大学
郭彦霞, 张圆圆, 程芳琴. 2014. 煤矸石综合利用的产业化及其展望. 化工学报, 65 (7): 2443-2463
郭宇, 周维贵, 杨径舟. 2016. 煤矸石综合利用现状及存在的问题探讨. 黑龙江科技信息, (1): 32
何峰, 杨丽. 2011. 煤矸石填充采空区的几种途径. 北方环境, 23 (3): 56-58
贾倩倩, 程帆, 谢承卫. 2012. 利用硅酸盐细菌（GY03）制备煤矸石肥料的研究. 粉煤灰综合利用, (2): 28-31
蒋正武, 王君若, 孙振平. 2007. 河道淤泥烧结多孔砖的性能研究. 新型建筑材料, 34 (9): 26-28
孔德顺, 李琳, 范佳春, 等. 2013. 高铁高硅煤矸石制备 P 型沸石. 硅酸盐通报, 32 (6): 1052-1056
雷建红. 2017. 煤矸石的污染危害和综合利用分析. 能源与科技, (4): 90-92
李灿华, 向晓东, 刘思. 2016. 煤矸石环境危害性及其资源化利用. 武钢技术, 54 (2): 58-63
李海东, 雷伟香, 欧阳琰, 等. 2018. 矸石山环境污染治理的对策建议. 环境保护, 46 (11): 62-64
李建华. 2011. 关于煤矸石资源化利用的问题与建议. 煤炭工程, (5): 89-93
李金叶. 2019. 致力推进煤矸石高值化利用. 中国建材报, 09-10 (004)
李静, 温鹏飞, 何振嘉. 2017. 煤矸石的危害性及综合利用的研究进展. 煤矿机械, 38 (11): 128-131
李昆, 程宏飞. 2019. 沸石分子筛的合成及应用研究进展. 中国非金属矿工业导刊, (3): 1-6 + 19
李寿德, 刘蓉, 高隽. 2009. 水库淤泥烧结装饰砖的试验研究. 砖瓦, 38 (2): 7-12
李燕, 杨旭光, 曹林林. 2017. Bi_2S_3-BiOCl/煤矸石复合光催化剂的制备及光催化性能. 复合材料学报, 34 (8):

1847-1852

连明磊, 胡江良, 冯权莉. 2011. 煤矸石制备絮凝剂研究进展. 云南化工, 38 (1): 61-63

梁永生. 2019. 煤矸石资源化利用现状与进展研究. 能源与节能, (1): 72-73

林漫亚. 2018. 煤矸石的综合利用. 上海建材, (2): 29-31

刘博, 刘墨祥, 陈晓平. 2017. 用废弃煤矸石制备高比表面积的 $SiO_2-Al_2O_3$ 二元复合气凝胶. 化工学报, 68 (5): 2096-2104

刘春荣, 宋宏伟, 董斌. 2001. 煤矸石用于路基填筑的探讨. 中国矿业大学学报, (3): 80-83

刘家乐. 2018. 煤矸石制备烧结透水砖及基本性能研究. 太原: 太原理工大学

马静. 2009. 废弃电子电器拆解地环境中持久性有毒卤代烃的分布特征及对人体暴露的评估. 上海: 上海交通大学

潘志刚, 姚艳斌, 黄文辉. 2005. 煤矸石的污染危害与综合利用途径分析. 资源·产业, (1): 50-53

彭岩, 李强, 郭晓倩, 等. 2008. 我国煤矸石应用现状及发展方向. 矿业快报, (11): 8-11

齐登辉, 鞠凤龙, 韩丽娜, 等. 2016. 煤矸石超临界水快速合成类沸石及其废水脱汞. 硅酸盐通报, 35 (7): 2198-2203

钱兆淦. 1997. 煤矸石肥料在苹果上施用效果的研究. 陕西农业科学, (1): 14-15

苏强平. 2004. 植被恢复下矸石山土壤改良效益研究. 北京: 北京林业大学

田玲玲. 2011. 煤矸石的环境危害与综合利用途径. 北方环境, 23 (7): 174-175

王朝强, 刘川北, 谭克锋, 等. 2014. 煤矸石-矿粉无熟料水泥的制备及性能研究. 绿色建筑, 6 (5): 87-90

王军. 2010. 利用煤矸石发电是煤炭产业链延伸的有效途径. 科技创新导报, (29): 63

王世林, 牛文静, 张攀, 等. 2019. 煤矸石的研究现状与应用. 江西化工, (5): 69-71

王相, 李金洪. 2011. 准格尔露天矿煤矸石制备精细煅烧高岭土的实验研究. 硅酸盐通报, 30 (6): 1249-1253

王永磊, 赵培钧, 于海成, 等. 2017. 煤矸石废旧处理的研究. 当代化工研究, (4): 60-61

吴红, 张绪勇, 孔德顺, 等. 2017. 活化煤矸石基免烧砖胶凝性能的研究. 硅酸盐通报, 1 (36): 359-364

吴涛, 杜美利, 司玉成, 等. 2016. 黄陵煤矸石制备 4A 沸石的研究. 硅酸盐通报, 34 (5): 1348-1353

吴莹, 胡振华. 2011. 浅谈煤矸石的危害及综合利用. 亚热带水土保持, 23 (1): 64-67

武彦辉. 2019. 我国煤矸石的处置利用现状及展望. 中国环保产业, (7): 53-55

徐浪浪. 2013. 晶种法沸石分子筛的高效绿色合成及其形成机理的深入认识. 上海: 华东师范大学

杨丰隆. 2020. 煤矸石堆积区土壤生态健康风险与毒性效应研究. 太原: 山西大学

杨莎莎, 张贵泉. 2017. 煤矸石特性与资源化利用研究综述. 商品混凝土, (10): 23-26

于雪斗. 2013. 煤矸石填筑道路路堤的应用研究. 邯郸: 河北工程大学

袁向芬, 谢承卫. 2015. 利用巨大芽孢杆菌制备高硫煤矸石肥料. 环境工程学报, 9 (2): 946-950

岳娟. 2010. 煤矸石中重金属元素的形态及淋溶实验研究. 太原: 山西大学

张国权. 2019. 探析绿色发展理念下的煤矸石处理与利用. 资源节约与环保, (10): 14

张慧, 刘景, 张智. 2018. 煤矸石高性能混凝土技术研究与应用. 四川建材, 44 (1): 12-13

张杰文. 2019. 我国煤炭业态未来发展趋势分析. 绿色环保建材, (1): 256

张金山, 孙春宝, 董红娟, 等. 2017. 内蒙古大青山煤矸石资源化综合利用探讨. 矿产综合利用, (2): 8-11

张晶, 李华民, 丁一慧. 2014. 煤矸石发电发展趋势探讨. 煤炭工程, (2): 103-106

张庆玲. 1996. 用煤矸石研制有机复合肥料. 煤炭加工与综合利用, (1): 29-30

张帅, 黄凯强, 冯雪松, 等. 2013. 煤矸石制备无机高分子絮凝剂 PAC 及其絮凝性. 化工技术与开发, 32 (6): 1052-1056

赵艳翠. 2018. 刍议煤矸石综合利用电厂的脱硫问题. 应用能源技术, (1): 19-21

赵莹莹, 高金路, 刘锦英. 2017. 煤矸石发电技术浅析. 设备管理与维修, (4): 113-114

周梅, 沈梦阳, 吴景昊, 等. 2017. 煤矸石掺合料的制备及对混凝土碱-骨料反应影响. 硅酸盐通报, 5 (36): 1713-1717

翟倩, 刘银, 冉小信, 等. 2018. 微波法提取煤矸石中氧化铝的实验研究. 安徽理工大学学报 (自然科学版), 38 (4): 4-45

智妍咨询集团 2017-2022 年中国煤矸石市场行情动态及发展前景预测报告. 2016: 11

左鹏飞. 2009. 煤矸石的综合利用方法. 煤炭技术, (1): 187-188

BP. 2017. World Energy Statistics (BP 世界能源统计 2020)

Dai S, Graham I T, Ward C R. 2016. A Review of Anomalous Rare Earth Elements and Yttrium in Coal. International Journal of Coal Geology, 159: 82-95

Insight net into Chinese industry. 2014. Analysis and survey to the conservation and comprehensive utilization of Chinese mineral resources. 04

Ivan C, Fernando G C, Jose C. 2007. Synthesis of X-type Zeolite from Dealuminated Kaolin by Reaction with Sulfuric Acid at high Temperature. Ind Eng Chem Res, 46 (4): 1029-1038

Li Z, Luo Z W, Li X Y, et al. 2016. Preparation and characterization of glass-ceramic foams with waste quartz sand and coal gangue in different proportions. Journal of Porous Materials, 23 (1): 231-238

Querol X, Zhuang X, Font O, et al. 2011. Influence of soil cover on reducing the environmental impact of spontaneous coal combustion in coal waste gobs: a review and newexperimental data. International Journal of Coal Geology, 85: 2-22

Ren J, Xie C, Li J Y, et al. 2013. Co-Utilization of Two Coal Mine Residues: Non-Catalytic Deoxygenation of Coal Mine Methane over Coal Gangue. Process Safety and Environmental Protection, 92 (6): 896-902

Tang Q, Li L, Zhang S, et al. 2018. Characterization of heavy metals in coal gangue-reclaimed soils from a coal mining area. Journal of Geochemical Exploration, 186: 1-11

Wu D, Sun G, Liu Y. 2016. Modeling the Thermo-Hydro-Chemical Behavior of Cemented Coal Gangue-Fly Ash Backfill. Construction and Building Materials, 111: 522-528

Yan Y, Yang C, Peng L, et al. 2016. Emission Characteristics of Volatile Organic Compounds from Coal Gangue, and Biomass Fired Power Plants in China. Atmospheric Environment, 143: 261-269

Zhou C, Liu G, Fang T. 2014. Partitioning and transformation behavior of toxic elements during circulated fluidized bed combustion of coal gangue. Fuel, (135): 1-8

第 2 章 沸 石

2.1 沸石的定义

沸石是一种结晶的、具有微孔孔道结构的硅铝酸盐化合物,是由一系列初级结构单元 TO_4(T 代表硅、铝、钛等原子)四面体通过桥氧连接组成二级结构单元,即多元环。多元环的环数由构成其结构的四面体的数目决定。例如,具有六个四面体的环,称为六元环。这些次级结构单元进行更复杂的有序组合,形成不同类型骨架结构有规则孔道的沸石。沸石化学组成均可用通式 $M_{2/n}O \cdot Al_2O_3 \cdot xSiO_2 \cdot yH_2O$ 来表示,其中 M 代表金属阳离子,n 代表金属阳离子的价态,x 为 SiO_2 个数,y 为沸石孔中或笼内的吸附水个数。沸石晶体内部具有一定大小的与外界相通的孔穴结构,晶体孔道内具有强大的静电场,所以具有吸附性和筛分性;沸石孔道中骨架阳离子能与进入的阳离子发生交换,所以沸石也具有离子交换性。

2.2 沸石分子筛的类型与结构

一般沸石可分为天然沸石和人工沸石。人工合成的沸石分子筛达到了二百多种,其中 A、X、Y 型沸石和 ZSM 系列的沸石的应用较为广泛(Xu et al.,2019)。而目前发现的天然沸石有 40 多种,其中方沸石、菱沸石、斜发沸石、毛沸石、丝光沸石和钙十字沸石的储量最为丰富,我国储量最为丰富的是斜发沸石。

沸石又分为孔结构由四、六、八元环构成的小孔沸石和孔结构由十元环构成的中孔沸石以及孔结构由十二元环构成的大孔沸石,这些特殊的孔结构决定了沸石的疏水性、稳定性和催化性。沸石也因比表面积大、孔道结构丰富、晶体结构稳定而广泛应用于吸附分离、离子交换、催化等方面。

2.2.1 A型沸石

A型沸石的晶胞组成通式是 $M_{12}Al_{12}Si_{12}O_{48}\cdot 27H_2O$,其晶胞结构与氯化钠类似,如果晶格中的 Na^+ 和 Cl^- 被 β 笼(硅氧四面体或铝氧四面体通过桥连形成)所取代,而相邻的两个 β 笼通过四个四元环桥连形成了一个 α 笼,这样就形成 A 型沸石的晶胞结构,如图 2-1 所示。A 型沸石又根据阳离子不同,分为 KA、NaA、CaA 三种类型。NaA 型沸石的有效孔径约为 4Å,故被称作 4A 型沸石。当 Na^+ 被 Ca^{2+} 通过离子交换置换,沸石有效孔径增至 5Å,被称为 5A 型沸石。当 Na^+ 被 K^+ 置换,由于 K^+ 离子半径大于 Na^+ 离子半径,而使部分孔道被挡住,有效孔径减小至 3Å,被称为 3A 型沸石。

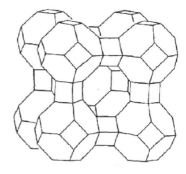

图 2-1 A 型沸石的晶体结构

2.2.2 X型沸石

X 型沸石的 $n(Si)/n(Al)$ 范围在 1.0~1.5 之间,$n(Si)/n(Al)$ 范围在 1.0~1.1 之间的 X 型沸石称作低硅铝比 X 型沸石(LSX)。沸石分子骨架中的铝为 +3 价,根据 Lowenstein 规则可知两个铝原子之间不能直接相连,所以用氧桥来连接,一个铝原子与 4 个氧原子连接形成了铝氧四面体结构,铝氧四面体形成的负电荷较多,当硅铝比较低时,骨架中的铝含量增多,需要大量的阳离子来平衡,所以与其他金属阳离子具有较好的离子交换性(Ferreira et al., 2014)。A 型沸石的 $n(Si)/n(Al)$ 为 1.0,其骨架结构单元为 SOD,孔径约 9~10Å,所以其吸附能力比 X 型沸石小。X 型沸石分子筛的结构类似于八面沸石,主要由 $[AlO_4]^{5-}$ 和 $[SiO_4]^{4-}$ 组成,以 8 个 β 笼的形式排列,β 笼之间通过氧桥连接形成的六元环连接,属于立方晶系(图 2-2 和图 2-3)。当 β 笼与六角柱笼连接形成超笼结构,超笼之间通过二元环连接,形成较大的通道,孔道大小为 0.3~1.3nm,同时还具有较大的孔径(孔径约 9~10Å)。可以作为良好的吸附材料(贾坤,2014;焦变英,2008)。

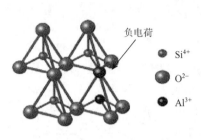
图 2-2　[AlO₄]⁵⁻和[SiO₄]⁴⁻的四面体图

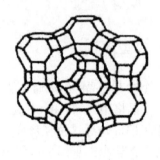
图 2-3　X 型沸石骨架结构

2.3　沸石的主要合成方法

随着人们对沸石结构和性能要求的提升，沸石在种类和合成技术上也在不断地被丰富和完善。目前，除了经典的水热合成法以外，常见的沸石合成方法还包括直接转化法、有机溶剂热合成法、蒸汽相法和微波合成法等。

（1）直接转化法

选用天然的原材料不经过高温煅烧、酸处理，同时将原材料的金属掩蔽，直接转化，合成沸石（郑昆鹏等，2010）。但由于合成沸石纯度、结晶度较差，此方法使用较少。

（2）水热合成法

水热合成法是科学家模拟天然沸石在地层下的生长条件得到的。这种方法是在密闭的不锈钢反应釜中，以水为晶化介质，在一定温度和压强下进行晶化反应的过程，常用于合成无机微孔材料。合成过程是根据配比，将硅源、铝源、模板剂和水按一定加料顺序混合成均匀凝胶，然后将凝胶转移至反应釜，放入烘箱在特定的温度范围下晶化一段时间后，即可得到沸石。另外，在水热体系下通过加入氟离子，或者在清液中可以合成出沸石大单晶（Liu et al.，1998）。Lijalem 等（2016）采用常规水热合成法和碱熔融法将埃塞俄比亚地区的高岭土合成出了 A 型沸石，在合成过程中，先将高岭土在 600℃下焙烧 3h，高岭土的活化仅用 1h 的碱熔法进行。范明辉（2014）采用一步水热合成法合成 LSX 型沸石，为了提高其离子选择性，制备了（Li-Na）-LSX、（Ca-Na）-LSX、（Li-Ca）-LSX 等混合型分子筛，并对其热稳定性和氮氧分离性能做了研究，结果表明混合型分子筛比单一型分子筛的氮氧吸附量均有较大的提升。尹娜以煤矸石为原料，采用碱熔-水热合成法合成出了晶型完整的 X 型沸石分子筛，沸石分子筛对碱性品红的吸附率在 94%左右，吸附量为 23mg/g（2016）。

（3）有机溶剂热合成法

有机溶剂热合成法是一种以有机物（甲醇、乙醇、乙醇胺等）取代水作为溶剂合成沸石的方法。1985 年，Bibby 等首次用乙二醇和丙醇作为溶剂合成了纯硅方钠石。有机溶剂体系与水体系相比，有机溶剂具有低于水的介电常数和高于水的黏度，整个体系受酸碱性的影响不大，有效减缓了晶体生长速度，因而更容易生长出完美的大单晶。该方法可合成一些水溶液中无法合成的沸石新结构，为沸石的合成开辟了新路线。Sousa 等（2017）利用晶种和廉价的二氧化硅原料快速合成 ZSM-22 沸石，研究了晶化时间、以甲醇为有机溶剂、钾离子的加入量等条件的影响，得到沸石的结晶效果较好。李恒杰等（2018）以丁二酸、氯化胆碱与四乙基溴化铵复配形成的低共熔体作为溶剂和模板剂；采用微波辐射-离子热法合成 TAPO-5 分子筛，所得沸石晶型完好，表现出较好的催化性能。

（4）蒸气相法

不同于水热法，蒸气相法是将固相反应物和液相溶剂分别放置在密闭容器中，保证两者不直接接触，然后将液相溶剂变为蒸气与固体反应物进行接触而进行晶化反应生成沸石的方法。根据参与晶化反应方式的不同，蒸气相法被分为两类。一类是蒸气相转移法（vapor phase transport，VPT），该方法使用挥发性液体有机胺（如乙二胺、三乙胺等）作为结构导向剂，同时也作为蒸气相；另一类是干凝胶法转换法（Dry Gel Conversion，DGC），是将非挥发性季铵碱、季铵盐等作为结构导向剂加入合成的干胶中，用水做蒸气相。

Xu 等于 1990 年首次提出以干胶合成法合成 ZSM-5 沸石。干胶转化法是指先蒸干合成沸石的凝胶中的水分，制成干胶后放于装有少量水的反应釜上方，干胶在蒸气中结晶而制得沸石，干胶转化法示意图如图 2-4 所示（闫会燕，2017）。肖霞等（2019）采用 DGC 法制备出多级孔 ZSM-5 分子筛，并将其应用于正辛烷催化裂解反应中，发现其具有优异的催化性能。Chen 等（2019）采用干胶法在有机模板体系中成功合成了高结晶度的 ZSM-5 沸石。Cheng 等（2013）通过蒸汽辅助干凝胶转化技术通过添加导向剂和硅源制备出纳米 Silicalite-2 沸石，表征结果显示其具有较大的比表面积和孔隙体积。

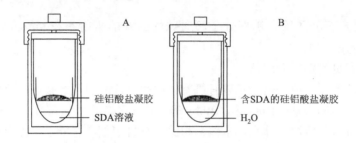

图 2-4　干胶转化法示意图（A. 蒸气转移法；B. 蒸气辅助转化法）

（5）微波合成法

微波法是指利用微波辐射辅助沸石合成的方法，该方法有效缩短了合成时间，并可得到纯度很高的沸石，无论是低硅沸石还是高硅沸石都可利用微波法短时间内合成出来（Phiriyawirut et al.，2003；Sathupunya et al.，2002）。所以微波法在沸石的高效合成中具有更大优势。Galal 等在微波辐射下，采用水热合成法辅助合成了一种成本低廉的含铝 CHA 沸石，使晶化时间缩短到 6h，在不同温度的微波辐射下加入硼，调节不同的搅拌速率，结果表明反应温度对催化剂的稳定性和光选择性都有影响，在较低温度下合成的 CHA 较稳定，选择性较低，硼的加入只提高了反应开始时对乙烯和丙烯的选择性（2019）。陈亿琴等（2019）采用传统水浴加热与微波辅助加热的方法，合成 4A 型沸石分子筛与 P 型沸石分子筛具有良好的吸附效果。李梦松等（2018）以煅烧后脱去结构水、具有较高反应活性的煅烧煤系高岭土为原料，采用微波辅助水热两步法合成 13X 型沸石分子筛，制备出相对结晶度较高，晶型完整，大小均一，平均晶粒尺寸为 110nm 的 13X 分子筛。Aldahri 等（2017）将粉煤灰通过常压水热活化、微波辅助结晶合成 NaP 型沸石分子筛。

（6）无溶剂合成法

2012 年肖丰收课题组首次报道了无溶剂合成法，无溶剂合成法是指将硅源铝源及模板剂等原料加入到研钵中混合研磨后装入密闭容器中通过高温晶化制备分子筛（边超群，2018），如图 2-5 所示。Wu 等（2014）通过无溶剂热合成法合成了硅铝分子筛。Jin 等（2013）通过无溶剂合成法合成出了磷铝分子筛。Wu 等（2017）通过无溶剂合成法成功制备出 ITQ-12、ITQ-13 和 ITQ-17 沸石分子筛。无溶剂合成法具有成本低、消耗能源少、降低了原料的使用量的优点,而且其合成的效率高,合成的沸石产品产率高(Ren et al.,2012)。

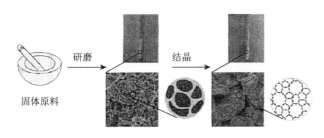

图 2-5 无溶剂合成法

除了上述的几种合成方法外,还有高温焙烧法、导向剂法、清液合成法、氟离子体系合成法等,随着人们对沸石研究的不断深入以及应用领域的拓宽,沸石的合成方法仍将不断地被更新和补充。

2.4 沸石的性能

A 型沸石因丰富的孔道结构,较大的比表面积而具有良好的离子吸附性能,因为硅铝酸盐阴离子骨架使其成为贵金属离子载体,也因为 A 型沸石的小孔径、疏油性、亲水性应用于沸石膜的制备(苏东方,2017;高向华等,2008)。

2.5 沸石的应用

沸石的孔径均匀,可将直径较小的分子直接吸附到孔腔内部,因此,在分离吸附方面的应用较广。另外,A 型沸石还可作为金属离子载体,应用在主客体功能材料制备方面。近年来,科学家们还成功地合成出 A 型分子筛膜,应用于醇/水分离方面(He et al.,2011;Kondo et al.,2003)。LSX 型沸石有较大比表面积,且离子交换性能较好,所以人们对其应用做了广泛的研究,可以用来处理废水,作为洗涤助剂、土壤的改良剂、在气体分离领域的优势也更显著。

2.5.1 水处理方面

(1) 沸石去除水中氨氮

沸石在水处理中应用最广泛的是吸附去除氨氮,毛丽君等(2016)利用不同方法改性天然斜发沸石并吸附氨氮废水,结果表明,通过盐溶液和高温煅烧两种方法联合改性的沸石对氨氮吸附效果较好,在最佳吸附条件下对15mg/L模拟氨氮废水中的氨氮去除率可达91.4%以上。李璐铫等(2018)利用盐改性沸石吸附氨氮,结果表明在沸石浓度为70g/L,吸附反应时间为60min条件下,对模拟废水、各类实际废水中氨氮进行吸附试验,其去除率均在89.31%~91.67%之间。谢妤等(2016)利用改性沸石吸附氨氮,结果表明在pH为6的条件下改性沸石对氨氮的去除率达86.88%。

(2) 沸石去除水中重金属离子

在电解、冶炼、染料、农药、医药等领域方面,废水中都有可能存在重金属污染物(左思敏等,2019)。重金属元素由于具有毒性、难降解、持久性致癌、致畸、致突变和在环境中留存期长等特点(李灿华等,2016),易在水中富集,所以去除废水中的重金属污染也引起了人们的广泛关注。水体中的重金属超标,容易通过食物链的迁移和积累导致人体中毒,去除废水中的重金属通常用活性炭吸附法、溶剂萃取等方法。沸石去除废水中的重金属离子机理是离子交换和吸附双重作用。

王思阳(2019)以X型沸石对模拟含铜、汞废水的吸附性能进行细致的探究,结果表明,合成的X型沸石在最佳吸附条件下对Cu^{2+}、Hg^{2+}的去除率均高于97.4%。夏彬(2018)以A型沸石吸附模拟含铅、镉废水,结果表明合成沸石对Pb^{2+}的去除率为96.23%、对Cd^{2+}去除率为94.86%。张艳(2018)以A型沸石为吸附剂吸附模拟含氟、含砷废水,去除率分别为94.85%和88.96%。任根宽(2013)等利用煤矸石合成A型沸石,制得的4A型沸石的钙离子交换能力为305mg/g,对废水中铬离子的去除率达到83.62%,对垃圾渗滤液中的氨氮、COD的去除率分别达到78.22%、75.64%。

(3) 沸石去除水中有机污染物

沸石除了去除水中氨氮和重金属离子以外,还可以去除水中有机污染物。有机物分子的大小和极性决定了沸石是否对其有吸附能力。常见的有机物小分子如二氯甲烷、三氯乙烷、四氯乙烷、三氯甲烷等,因其直径小于沸石孔径，且有极性，故极易被沸石吸附；而分子稍大的有机物如酚类、苯醌、氨基酸等，由于其直径适中，也能被沸石吸附；而分子较大的有机物如腐殖酸和富里酸因其直径大于沸石孔径，故不能进入沸石孔径，但这类分子带有极性很强的官能团如：—OH、—NH_2、—COOH等，也能被沸石表面吸附，从而将其去除。

张丹等（2014）成功制备出ZSM-5沸石分子筛并将其用于吸附水中对苯二酚，在最佳吸附条件下，合成的ZSM-5沸石对对苯二酚的去除率达68.8%。谭万春等（2014）通过对天然沸石负载Fe_3O_4制备出复合催化剂处理模拟苯酚废水，在催化剂投加量为0.4g/L，初始浓度为100mg/L的模拟苯酚废水中，复合催化剂对苯酚的去除率达90%以上。胡小龙等（2016）以沸石为载体制备纳米TiO_2/沸石复合材料，并进行了降解苯酚的实验，结果表明：在最佳试验条件下，合成的复合材料对初始浓度为20mg/L的苯酚溶液的光催化降解率可达91.6%。张琪等（2019）综述了ZSM-5沸石分子筛对几种常见物质的吸附性能，包括对有机物，污染离子Pb^{2+}等，因为存在微孔反映了ZSM-5沸石优良的吸附特性。郭振坤等（2017）利用煤矸石合成A型沸石，并探究了其对罗丹明B的吸附性能，该研究为处理低浓度染料废水的工程应用提供了理论依据和数据支持。研究表明，活性炭可以很好地去除水体中的非极性致色有机物，但对极性强、分子量小的有机物吸附能力较差（许根福，2009）。因此，可发挥活性炭和沸石的优点制备新的化合物，提高其对有机污染物的去除率。

（4）去除氟和磷

氟是生命活动必要的微量元素，但长期饮用高浓度的含氟水会危害人体健康。天然沸石对氟几乎没有吸附性，但经过一定的处理后，对氟的吸附量可到0.5~1mg/g。王倩等利用煤矸石合成4A型沸石并用其处理含氟废水，去除率和吸附量分别达92.13%、18.21mg/g（王倩等，2016）。

除此之外，用沸石除磷的应用也较多，一般采用沉淀法、吸附法、离子交换及生物法等方法对其吸附。有实验表明，沸石是一种很好的除磷剂，可在pH较大范围内对磷进行吸附（朱小燕等，2018）。

（5）去除放射性元素

对于离子半径小的放射性元素Sr^{2+}和Cs^+，可用沸石的阳离子交换性对其进行吸附，这种方法可使放射性离子固定在沸石中，避免其扩散（Fang et al., 2018）。

（6）软化硬水

沸石可利用阳离子交换性将硬水中的Ca^{2+}、Mg^{2+}离子置换，达到软化水的目的。研究者用沸石软化硬水,结果表明,在中性或弱酸性的环境中,用 100g 的沸石吸附 3924mg/L Ca^{2+} 和 1069mg/L Mg^{2+},吸附率分别达到 98% 和 94%(Moosavirad et al.,2015)。

(7)除臭

目前,活性炭作为除臭剂在生活中广泛应用,但活性炭对分子量小的气体吸附效果不明显,且成本高。而沸石对氨的吸附效果明显(Feng et al.,2019)。用沸石和除臭性能良好的物质制备的除臭剂,吸附量大、效果明显。

2.5.2　空气净化方面

甲醛是一种无色、具有强烈刺激性气味的气体,具有低浓度高毒性的特点,而且其释放时间一般长达 3~15 年,是醛类中具有特殊致毒作用的品种,会造成结膜炎、皮肤过敏,严重可致癌(刘姝瑞等,2016)。沸石分子筛的比表面积和孔径都较大,是一种带有极性的物质(牛永红等,2017),甲醛中的羰基具有极性,从而使其极易溶于沸石分子筛(牛永红等,2015)。牛永红以粉煤灰为原料成功制备出沸石分子筛,并进行甲醛净化性能的测试,结果表明在适宜条件下甲醛气体的脱除率最大为 83%(2015)。刘雅淑利用 Fe-TiO_2-沸石复合光催化材料在自然光条件下进行甲醛气体的去除试验,结果表明该材料对甲醛气体的去除率较高(2018);王斯文等(2015)制备了具有较高催化活性的碘掺杂 TiO_2/沸石催化剂,其对甲醛降解试验表明降解效率达到 78.1%。孔文杰等(2019)概述了沸石转轮吸附-热空气脱附催化燃烧的工艺流程;说明沸石转轮可以有效吸附 VOCs,对治理该类废气有着独特的效果。

2.5.3　土壤修复中的应用

作为一种土壤改良剂,在土壤中施用沸石可增大其阳离子交换量,并且提高吸附重金属离子能力,且不引入新的污染物,比石灰、泥炭、堆肥、磷酸盐等更适合于土壤重金属修复(熊仕娟等,2017)。Xavier 等对土壤施用了粉煤灰合成沸石,固定了其中的重金属,降低其对环境的潜在危害性(蒙冬柳等,2011)。王永强等(2010)比较了添加固化剂前后复合污染土壤上蕹菜的生长情况和土壤的环境状况,结果显示在添加固化剂前,污染土壤 pH 低,蕹菜生长不良，而且重金属大量存在于土壤和蕹菜中，固化剂的使用不但提高了土壤 pH，使得蕹菜长势良好，而且还降低了重金属的含量。

2.6 沸石的研究现状

在 20 世纪 50 年代，Linde 公司第一次利用 A 型沸石分离正、异构烷烃；60 年代利用 X 型、Y 型沸石作为裂解催化剂成分，开始大量用于石油炼制与加工中的催化过程，其次它们被大量应用于吸附分离过程（闫秀丽，2011）。如今沸石在催化、吸附分离与离子交换等方面得到广泛的研究。

（1）催化剂

沸石具有特殊的孔道分布及较大的比表面积，热稳定性好、催化效果明显。

陈杰等（2019）用硝酸铵处理沸石分子筛，用路易斯酸或有机酸作为固载剂制备了固载型催化剂，催化 2-(4-叔戊基苯甲酰基)苯甲酸（ABB）合成了 2-戊基蒽醌（AAQ），其 ABB 的转化率为 98%。Dirleia 等（2019）利用在沸石 ZSM-5 上负载的 Fe、Mo 和 Nb 催化剂上催化甘油转化为烯烃，该研究评估了在甘油转化为烯烃的 HZSM-5 上负载的含有 Fe、Mo 和 Nb 的催化剂；对于 450~500℃ 范围内的 Fe/ZSM-5 催化剂和对于 550~600℃ 范围内的 Nb/ZSM-5，获得了对烯烃的最高选择性。

（2）吸附剂

沸石的晶体结构和孔道分布均匀整齐，其表面物质具有可交换性，对溶液中的有机物、氯氮化合物、阴离子、重金属离子等均有良好的去除效果。

Lu 等（2019）从工业固体制备煤矸石陶瓷吸附剂，并用于吸附阳离子红 X-5GN 和蓝 X-GRRL，其去除率接近 100%，说明了煤矸石陶瓷吸附剂具有潜在的经济性好处和环境效益。王凯等（2019）以粉煤灰制备沸石，合成的沸石结晶性好，具有多孔结构，且对橙黄 G 具有较好的吸附能力，最大吸附量高 45.6mg/g。

（3）无机膜

NaA 分子筛膜亲水性强、孔道结构均一规整（0.42nm），在有机溶剂脱水分离应用中表现出优越的渗透通量与分离选择性从而拥有广阔的应用前景（Yu et al.，2012；Ge et al.，2009）。Xu 等（2004）首次利用三次水热合成法在氧化铝中空纤维外表面制备了致密的 NaA 分子筛膜。Wang 等（2009）采用擦涂与浸涂组合的涂晶方法改善了晶种在中空纤维载体外表面的涂覆效果，经过一次水热合成法制备了高性能的 NaA 分子筛膜，并将其用于 75℃下 90%（质量分数）乙醇/水溶液脱水分离，通量高达 9.0kg/(m^2·h)，分离因子大于 10000。

（4）金属离子载体

沸石的硅铝酸盐阴离子骨架对其性能起着决定性作用。在一定条件下，A 型沸石能使引入沸石骨架中的金属离子得到最大程度的分散，使其保持高活性的同时又减少金属离子的用量，因此，NaA 沸石在石油裂化中作为催化剂载体的研究得到关注（李永梅等，2009）。另外，NaA 型沸石对于 Ag^+ 的交换选择性极高，其离子交换度可达 90%，可见 NaA 型沸石作为抗菌剂载体在银系无机抗菌剂方面的应用具有重要意义（高向华等，2008）。景超（2015）采用两步离子交换法，将 Na-LSX 先进行第一次离子交换得到 NH_4-LSX，再将 NH_4-LSX 进行第二次离子交换得到 Li-LSX 型沸石，这个过程可以有效地解决 Li^+ 的污染问题，其产物 Li-LSX 型沸石的吸附性能也较吸附前 Na-LSX 型沸石的吸附性能好。赵博等（2017）在传统水热合成方法的基础上进行改进，采用湿凝胶晶化法制得 X 型沸石分子筛，并证明其能表现出良好的 Ca^{2+} 交换性能。张西玲等（2018）以粉煤灰和三种不同预处理的锰渣为原料，采用水热合成法制备沸石分子筛，并测定了其钙离子交换能力；结果表明：在 600℃以下晶体结构未发生坍塌，具有较好的热稳定性，钙离子交换量高达 391.05mg/g。

参 考 文 献

边超群. 2018. 无溶剂法高温合成沸石分子筛. 杭州：浙江大学

陈杰, 关盛文, 邱俊, 等. 2019. 固载分子筛催化剂催化合成 2-戊基蒽醌. 科学技术与工程, 19, (5): 217-221

陈亿琴, 訾昌毓, 彭昭霞, 等. 2019. 煤矸石微波辅助合成沸石分子筛的研究. 煤化工, (1): 56-60

范明辉. 2014. 低硅铝比 X 型分子筛的合成、离子交换及吸附性能研究. 北京：北京工业大学

高向华, 许井社, 魏丽乔, 等. 2008. 银型沸石抗菌剂的制备与性能研究. 太原理工大学学报, 39 (5): 455-458

郭振坤, 范雯阳, 周珊, 等. 2017. 利用煤矸石制备 4A 分子筛及吸附性能的研究. 无机盐工业, 49 (2): 78-81

胡小龙, 孙青, 徐春宏, 等. 2016. 纳米 TiO_2/沸石复合材料光催化降解苯酚的性能. 化工进展, 35 (5): 1519-1523

贾坤. 2014. 低硅铝比 X 型分子筛的合成研究. 太原：太原理工大学

焦变英. 2008. 无黏结剂 LSX 的制备及阳离子交换对其性能影响的研究. 太原：太原理工大学

景超. 2015. ETS-4 与 LSX 分子筛的制备与应用. 太原：太原理工大学

孔文杰, 凌志斌. 2019. 沸石转轮吸附-热空气脱附催化燃烧在 VOCs 治理方面的应用. 绿色环保建材, (1): 20-23

李灿华, 向晓东, 刘思, 等. 2016. 煤矸石环境危害性及其资源化利用. 武钢技术, 54 (2): 58-62

李恒杰, 高鹏飞, 薛晓璐, 等. 2018. 低共熔体中微波离子热法合成 TAPO-5 分子筛. 分子催化, 32: (3): 218-227

李璐铫, 程海翔, 季竹霞. 2018. NaCl 改性沸石去除废水中氨氮的条件优化研究. 杭州师范大学学报（自然科学版）, 17 (1): 78-82

李梦松, 周志辉, 吴红丹, 等. 2018. 微波辅助水热法合成 13X 型沸石分子筛. 非金属矿, 41, (6): 54-56

李永梅, 徐勇军. 2009. 稀土分子筛的合成与应用研究进展. 广东化工, 36 (3): 47-50

刘姝瑞, 张明宇, 谭艳君, 等. 2016. 甲醛检测方法的研究进展. 成都纺织高等专科学校学报, 33 (4): 160-164

刘雅淑, 任亦龙, 孟春凤. 2018. Fe-TiO$_2$-沸石复合材料对甲醛气体的吸附及光催化降解性能研究. 江苏科技大学学报 (自然科学版), 32 (4): 583-587

毛丽君, 刘剑, 年正. 2016. 沸石的改性及其吸附废水中氨氮的实验研究. 环境科学导刊, 35 (6): 70-74

蒙冬柳, 宋波. 2011. 沸石在重金属污染土壤修复中的应用进展. 吉林农业, (3): 200

牛永红, 郭宁, 李莹, 等. 2015. 利用太阳能再生的自制介孔纳米活性氧化铝空气除湿实验研究. 建筑科学, 31 (2): 65-68

牛永红, 王忠胜, 吴会军, 等. 2017. 粉煤灰沸石分子筛对室内空气甲醛净化性能的实验研究. 建筑科学, 33 (12): 22-26

任根宽. 2013. 煤矸石合成 4A 分子筛及其在废水中的应用. 无机盐工业, 45 (10): 42-44

任根宽, 谭超, 朱登磊. 2013. 煤矸石制备 4A 分子筛处理垃圾渗滤液. 水处理技术, 39 (8): 27-29

苏东方. 2017. 金属有机骨架 (MIL-53)/4A 沸石复合材料的制备及其吸附性能的研究. 北京: 北京交通大学

谭万春, 喻辰雪, 胡帅飞, 等. 2014. 沸石负载 Fe$_3$O$_4$ 光催化氧化去除水中苯酚. 环境工程学报, 8 (6): 2353-2358

王凯, 孙菱翎, 邱广明, 等. 2019. 粉煤灰基沸石的制备及对橙黄 G 吸附性能研究. 功能材料, 50 (2): 2133-2138

王倩, 卢新卫. 2016. 矸石基 4A 型沸石处理含氟废水的应用. 城市环境与城市生态, 29 (2): 7-10

王思阳. 2019. 赤峰地区煤矸石合成 X 型沸石及其对铜、汞离子吸附性能的研究. 呼和浩特: 内蒙古师范大学

王斯文, 裘建平. 2015. 碘掺杂 TiO$_2$/沸石光降解甲醛的研究. 辽宁化工, 44 (9): 1078-1079 + 1082

王永强, 肖立中, 李伯威, 等. 2010, 骨炭 + 沸石对重金属污染土壤的修复效果及评价. 农业环境与发展, 27 (3): 90-93

夏彬. 2018. 鄂尔多斯地区煤矸石合成 A 型沸石吸附剂及其对 Pb^{2+}、Cd^{2+} 的吸附性能研究. 呼和浩特: 内蒙古师范大学

肖霞, 孙兵, 范晓强, 等. 2019. 干胶法合成多级孔 ZSM-5 分子筛及其正辛烷催化裂解反应性能. 工业催化, 27 (10): 29-36

谢妤, 宋卫军, 林钰婷, 等. 2016. 合成沸石的改性及其对氨氮的吸附特性. 长江大学学报 (自科版), 13 (28): 25-31 + 4-5

熊仕娟, 黄兴成. 2017. 沸石在镉污染土壤修复中的研究进展. 现代园艺, (15): 8-9 + 56

许根福. 2009. 处理高砷浓度工业废水的化学沉淀法. 湿法冶金, 28 (1): 12-17

闫会燕. 2017. 干胶法合成 Beta 沸石及其改性研究. 北京: 中国石油大学

闫秀丽. 2011. 多孔二氧化硅中空微球的制备及其农药缓释行为的研究. 西安: 陕西师范大学

尹娜. 2016. 煤矸石合成沸石及其在印染废水中的应用研究. 西安: 陕西师范大学

张丹, 李君华. 2014. ZSM-5 沸石分子筛吸附模拟废水中对苯二酚的研究. 应用化工, 43 (7): 1225-1227

张琪, 杨依依, 白剑, 等. 2019. ZSM-5 沸石在吸附方面的研究进展. 西部皮革, (2): 5-7

张西玲, 郭松林, 陈林, 等. 2018. 制备因素对粉煤灰-锰渣制备沸石分子筛钙离子交换能力的影响. 硅酸盐通报, 37, (3): 1088-1093

张艳. 2018. 乌海地区煤矸石合成 A 型沸石吸附剂及其对模拟废水中氟、砷的吸附研究. 呼和浩特: 内蒙古师范

大学

赵博, 纪妍妍, 张兵, 等. 2017. 湿凝胶晶化法高效合成 X 型沸石及其离子交换性能研究. 材料导报, 31 (10): 47-50+55

郑昆鹏, 江露英, 吴丽芳, 等. 2010. 高岭土合成沸石分子筛的研究进展. 化工进展, 29 (S2): 232-236

朱小燕, 姜丽娜, 尚建疆, 等. 2018. 重金属离子在改性蛭石表面的竞争吸附及其动力学研究. 矿产保护与利用, 2: 111-117

左思敏, 荆肇乾, 陶梦妮, 等. 2019. 天然沸石和改性沸石在废水处理中的应用研究. 应用化工, 48 (5): 1136-1139+1145

Aldahrl T, Behin J, Kazemian H, et al. 2017. Effect of microwave irradiation on crystal growth of zeolitized coal fiy ash wish different solid/liquid ratios. Advanced Powder Technology, 28 (11): 2865-2874

Bibby D M, Dale M P. 1985. Synthesis of silica-sodalite from non-aqueous systems. Nature, 317 (6033): 157-158

Chen Y H, Han D M, Cui H X, et al. 2019. Synthesis of ZSM-5 via organotemplate-free and dry gel conversion method: Investigating the effects of experimental parameters. Journal of Solid State Chemistry, 279, 120969

Cheng Y, Pan S L. 2013. Preparation and characterization of nanosized silicalite-2 zeolites by steam-assisted dry gel conversion method. Materials Letters, (100): 289-291

Dirleia S Lima, Oscar W. Perez-Lopez. 2019. Catalytic conversion of glycerol to olefins over Fe, Mo, and Nb catalysts supported on zeolite ZSM-5. Renewable Energy, 136-139

Fang L, Li L, Qu Z, et al. 2018. A novel method for the sequential removal and separation of multiple heavy metals from wastewater. Journal of hazardous materials, 342: 617-624

Feng Y, Yang S M, Xia L, et al. 2019. In-situ ion exchange electrocatalysis biological coupling (I-IEEBC) for simultaneously enhanced degradation of organic pollutants and heavy metals in electroplating wastewater. Journal of hazardous materials, 364: 562-570

Ferreira D, Magalhaes R, Bessa J, et al. 2014. Study of AgLiLSX for single-stage high-purity oxygen production. Industrial & Engineering Chemistry Research, 53 (40): 15508-15516

Galal A. Nasser, Oki Muraza, Toshiki Nishitoba, et al. 2019. Microwave-Assisted Hydrothermal Synthesis of CHA Zeolite for Methanol-to-Olefins Reaction. Industrial & Engineering Chemistry Research, 58 (1): 60-68

Ge Q, Wang Z, Yan Y. 2009. High-performance zeolite NaA membranes on polymer-zeolite composite hollow fiber supports. Journal of the American Chemical Society, 131 (47): 17056-17057

He X J, Huang X L, Wang Z B, et al. 2011. The role of silver on the hydrothermal stability of zeolite catalysts. Microporous and Mesoporous Materials, 142 (1): 398-403

Jin Y Y, Sun Q, Qi G D, et al. 2013. Solvent-Free Synthesis of Silicoaluminophosphate Zeolites. Angewandte Chemie International Edition, 52 (35): 9172-9175

Kondo M, Yamamura T, Yukitake T, et al. 2003. IPA purification for lens cleaning by vapor permeation using zeolite membrane. Separation and Purification Technology, 32 (1-3): 191-198

Lijalem A, Joaquin Perez-Pariente, Yonas Chebude, et al. 2016. Conventional versus alkali fusion synthesis of zeolite A from low grade kaolin. Applied Clay Science, 132: 485-490

Liu Z, Xu W, Yang G, et al. 1998. New insights into the crystallization mechanism of microporous $AlPO_4$-211.

Microporous and Mesoporous Materials, 22 (1-3): 33-41

Lu Z, Hong J Z, Yu X H, et al. 2019. Adsorption removal of cationic dyes from aqueous solutions using ceramic adsorbents prepared from industrial waste coal gangue. Environmental Management, 234: 245-252

Moosavirad S M, Sarikhani R, Shahsavani E. 2015. Removal of some heavy metals from inorganic industrial wastewaters by ion exchange method. Journal of Water Chemistry and Technology, 37 (4): 191-199

Phiriyawirut P, Magaraphan R, Jamieson A M, et al. 2003. Morphology study of MFI zeolite synthesized directly from silatrane and alumatrane via the sol-gel process and microwave heating. Microporous and mesoporous materials, 64 (1): 83-93

Ren L M, Wu Q M, Yang C G, et al. 2012. Solvent-Free Synthesis of Zeolites from Solid Raw Materials. Journal of the American Chemical Society, 134 (37): 15173-15176

Sathupunya M, Gulari E, Wongkasemjit S. 2002. ANA and GIS zeolite synthesis directly from alumatrane and silatrane by sol-gel process and microwave technique. Journal of the European Ceramic Society, 22 (13): 2305-2314

Sousa L V, Silva A O S, Silva B J B, et al. 2017. Fast synthesis of ZSM-22 zeolite by the seed-assisted method of crystallization with methanol. Microporous and mesoporous materials, 254: 192-200

Wang Z, Ge Q, Jia S, et al. 2009. High Performance Zeolite LTA Pervaporation Membranes on Ceramic Hollow Fibers by Dipcoating-Wiping Seed Deposition. Journal of the American Chemical Society, 131 (20): 6910-6911

Wu Q M, Liu X L, Zhu L F, et al. 2017. Solvent-Free Synthesis of ITQ-12, ITQ-13, and ITQ-17 Zeolites. Chinese Journal of Chemical, 35 (5): 572-576

Wu Q M, Wang X, Qi G D, et al. 2014. Sustainable Synthesis of Zeolites without Addition of Both Organotemplates and Solvents. Journal of the American Chemical Society, 136 (10): 4019-4025

Xu W Y, Dong J X, Li J P, et al. 1990. A novel method for the preparation of zeolite ZSM-5. Journal of the Chemical Society, Chemical Communications, 10 (10): 755-756

Xu X T, Chen J Q, Shi W T, et al. 2019. Synthesis of carbon nanodots in zeolite SAPO-46 channels for Q-switched fiber laser generation. Journal of alloys and compounds, 782: 837-844

Xu X, Yang W, Liu J, et al. 2004. Synthesis of NaA zeolite membrane on a ceramic hollow fiber. Journal of Membrane Science, 229 (1): 81-85

Yu C, Zhong C, Liu Y, et al. 2012. Pervaporation dehydration of ethylene glycol by NaA zeolite membranes. Chemical Engineering Research and Design, 90 (9): 1372-1380

第 3 章

煤矸石合成沸石及其表征

3.1 煤矸石合成 A 型沸石及其表征

3.1.1 内蒙古部分地区煤矸石样品表征分析

1. 各地区煤矸石的化学成分分析

分别对内蒙古自治区乌海市及鄂尔多斯市的煤矸石样品利用全谱直读等离子体发射光谱仪进行化学成分的分析,结果如表 3-1 所示。

表 3-1 煤矸石样品主要成分分析(质量分数,%)

地区	SiO_2	Al_2O_3	Fe_2O_3	CaO	MgO	K_2O	Na_2O	LOS
鄂尔多斯市(A)	40.14	26.55	0.29	0.18	0.12	0.25	0.36	31.52
乌海市Ⅰ(B)	34.76	32.30	0.69	0.25	0.15	0.20	0.57	--
乌海市Ⅱ(C)	40.68	35.51	0.81	0.19	0.15	0.27	0.14	20.92

由检测结果可知三个样品中所含 SiO_2 和 Al_2O_3 总含量依次为 66.69%、67.06% 及 76.19%,SiO_2 与 Al_2O_3 物质的量比值依次约为为 2.6∶1、1.83∶1 及 1.9∶1,接近于 A 型沸石理论硅铝比$[n(SiO_2)∶n(Al_2O_3) = 2]$,适宜加入铝源/硅源合成 A 型沸石吸附剂,其他成分的含量较低,对试验的影响可忽略不计。

2. 煤矸石的 TG-DSC 分析

对各样品煤矸石进行 TG-DSC 分析,结果如图 3-1 所示。

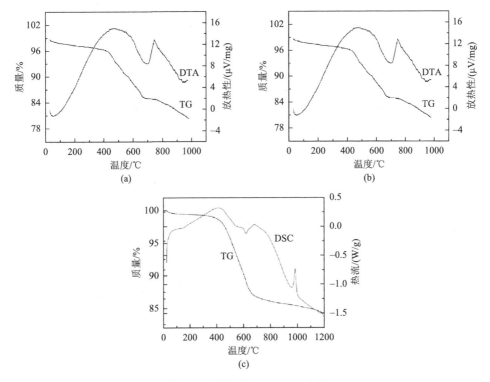

图 3-1 煤矸石的 TG-DSC 分析

由图 3-1（a）图可知在 80℃左右煤矸石脱去吸附水而出现吸热峰，随着温度的升高，在 400～550℃之间形成一个较宽的放热峰，这是由于该地区煤矸石含有较多的碳，碳燃烧放出大量热；600～650℃左右高岭土脱羟基向偏高岭土转变而出现强吸热峰。由 TG 图可知，煤矸石在 400～650℃时失重率很高，这是由于煤矸石失去结晶水及所含碳质；750℃左右几乎完全脱去结构水；950℃出现的吸热峰是偏高岭土重结晶造成的。可见焙烧温度直接影响煤矸石的活性，因此确定煤矸石的焙烧温度为 750～800℃。

由图 3-1（b）可知在 150℃之前有一个吸热峰，这是由于煤矸石脱去游离水所形成。在 400～500℃由于煤矸石脱去结晶水和炭质燃烧形成了一个较宽的放热峰。829～990℃时煤矸石彻底失去结晶水，结构被破坏产生吸热峰。在 950℃以上，偏高岭土会转化为新的晶体，使活性下降，影响沸石性能，所以确定煤矸石的焙烧温度为 600～900℃。

由图 3-1（c）可知，在 300～500℃有一个放热峰，在 650～750℃左右有一个放热峰,这是由于煤矸石脱去结构水以及所含炭质,在970℃左右由于出现转晶而导致产生放热峰,在625℃左右由于煤矸石中所含有的高岭土脱羟基向偏高岭土转变而产生吸热峰,由 TG 图可以看到在 400~700℃失重率较高,综合分析确定焙烧温度为 650~850℃。

3. 各样品煤矸石的 XRD 分析

对各样品煤矸石进行 XRD 分析,结果如图 3-2 所示。

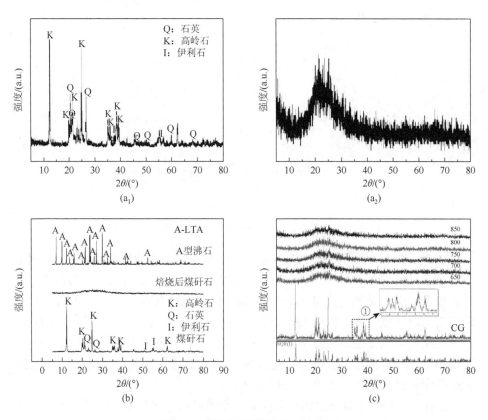

图 3-2 焙烧前后煤矸石 XRD 图

由图 3-2（a_1）知该地区煤矸石中高岭石的衍射峰数目多且峰形较为尖锐,其中在 2θ 为 12.3°、21.2°、24.6°及 2θ 为 35°~40°出现的两组明显的"山"字形衍射峰均为高岭石的主特征峰(孔德顺等,2011)。除高岭石外还出现了少量的石英、伊利石衍射峰。由（a_2）知，煤矸石在 750～800℃焙烧一定时间后，高岭石的特征衍射峰消失，而石英峰显著降低或消失，这是高岭石在高温下脱除羟基，结构被破坏转变为活性较高的偏高岭石。

从图 3-2（b）中可以看出，煤矸石中矿物的衍射峰强度大，峰形尖锐。其中在 2θ 为 12.22°、21.26°、24.9°及 2θ 为 35°～40°出现的两组"山"字形衍射峰均为高岭石的特征峰，说明乌海地区煤矸石样品中含有大量的高岭石，与化学分析结果吻合，为合成沸石提供了物质基础（范雯阳，2016）。焙烧后的煤矸石为无定形的大包峰，为后续合成沸石提供便利条件。

由图 3-2（c）的 XRD 图谱显示，在原样的 2θ 为 12.37°、20.249°、21.327°及 24.898°等处均有高岭石的衍射峰出现，峰形尖锐，在 2θ 为 35°～36°及 38°～39°处出现了明显的"山"字形高岭石的特征峰（见图放大区域）（孔德顺，2011），未见其他物质衍射峰出现，说明本实验煤矸石原样（CG）由单一的高岭石相组成。煤矸石经焙烧之后，其中含有的高岭石进行脱羟基反应，晶格逐渐的发生坍塌，最后转变无定形态，在图谱中则显示为峰形的宽而分散，而且峰强度较低（孔德顺等，2013）。由图可见在 650～850℃的焙烧温度范围内，焙烧后的样品中的高岭石的衍射峰均已消失不见，这就说明其结构均能被完全的破坏，煤矸石得到了有效的活化，有利于后续样品的合成（郭丽等，2016）。

4. 各样品煤矸石的 SEM 分析

对各样品煤矸石进行 SEM 分析，结果如图 3-3 所示。

由图 3-3（a）观察，煤矸石颗粒表面粗糙，疏松，呈不规则的片层形状，这是因为煤矸石的主要矿物成分为高岭石，高岭石是含结构水的层状硅酸盐矿物，其中结构羟基分布在铝氧八面体层中（曹德光等，2004）。当煤矸石经 750～800℃焙烧后，板状片层增多且边缘变模糊，这些片状颗粒重叠在一起，形成这种现象的主要原因是在 750～800℃煤矸石中的结构水被完全脱去，铝氧八面体的结构被破坏产生了无序化，但硅氧四面体的结构仍保持原有的层状结构，使得偏高岭石仍保持了片状结构特征（杨秀雅，1994）。

由图 3-3（b）可知，焙烧前的煤矸石是表面粗糙，不规则的块状形貌，在 900℃焙烧 2.5h 之后，原本的块状消失，出现小块的粘连结块，变成了无规则的块状物质，提高了反应活性。由图 3-3（c）观察可知，煤矸石原样表面粗糙不规则，焙烧后的煤矸石的片状结构增多，大小不一，结构较原样更疏松。

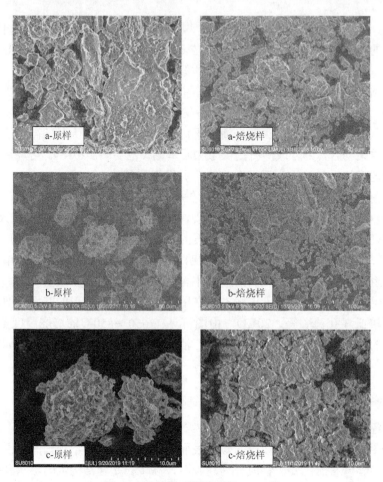

图 3-3　焙烧前后煤矸石的 SEM 图

3.1.2　鄂尔多斯地区煤矸石（A 样）制备 A 型沸石实验探究

　　利用固体废弃物煤矸石制备沸石，其合成过程受多重因素影响。如初始物料的硅铝比对最终结晶产物的结构和组成起着重要作用，反应体系的碱度、晶化温度、晶化时间又是影响沸石吸附剂结晶的重要因素。研究沸石吸附剂合成过程，不仅要考虑各种晶化反应因素对合成过程的影响，还要考查各种晶化反应因素之间的相互关系，以便采取适宜的实验条件，使合成达到预期的效果。本节内容主要包括煤矸石原样的表征、煤矸石制备沸石的合成条件优化以及合成沸石的表征等三部分内容。对原样进行表征分析以确定该地区样品具备制备沸石的基本条件，通过对合成条件进行优化以确定该样品制备沸石的最佳条件，并对合成的沸石进行结构形貌等特征的分析表征。

1. A 样品制备沸石条件的优化探究

（1）硅铝比对沸石吸附剂结晶的影响

称取焙烧后煤矸石 2g，分别添加一定量的偏铝酸钠，使初始物料的硅铝比分别调整为 1.3、1.5、1.7，同时分别调节 $n(Na_2O)：n(SiO_2)$ 分别为 0.5、1.0、2.0、3.0，加蒸馏水将混合物在 55℃下搅拌陈化 1h 后倒入不锈钢反应釜中，置于干燥箱，晶化温度为 95℃下晶化反应 8h，产物洗涤、干燥。图 3-4 为硅铝比 1.3、1.5、1.7 时不同碱度结晶产物的 XRD 谱图。

由图 3-4 可知，当调节初始物料硅铝比为 1.3、1.5，低碱度时的结晶产物为纯相 A 型沸石（PDF#39-0222），随着碱度增大，当 $n(Na_2O)：n(SiO_2) = 2.0$ 时，在 $2\theta = 13.8°$、34.6°时出现 SOD 沸石（PDF#11-0410）的衍射峰，结晶产物为 A 型和 SOD 沸石混相。而初始物料硅铝比为 1.7，较低碱度时结晶产物即为 A 型和 SOD 沸石混相，随着碱度的增加 SOD 沸石的结晶度增大。可见在物料中添加铝源调节硅铝比，有利于具有简单初级单元的 A 型沸石生成。而出现 SOD 杂晶是因为两种沸石晶体结构都是通过四元环用氧桥将次级单元结构 β 笼连接起来的，SOD 沸石与 A 型沸石的硅铝比接近，因此确定适合 A 型沸石合成的最佳硅铝比为 1.5。

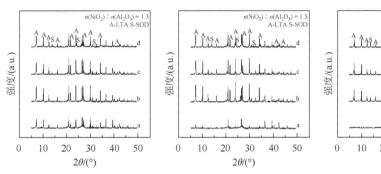

图 3-4　不同硅铝比沸石吸附剂的 XRD 图

a：$n(Na_2O)：n(SiO_2) = 0.5$；b：$n(Na_2O)：n(SiO_2) = 1.0$；c：$n(Na_2O)：n(SiO_2) = 2.0$；d：$n(Na_2O)：n(SiO_2) = 3.0$

（2）晶化温度对沸石吸附剂结晶的影响

称取焙烧后煤矸石 2g，添加一定量的偏铝酸钠，确定初始物料的硅铝比为 1.5，调节 $n(Na_2O):n(SiO_2)$ 分别为 0.5、1.0、2.0、3.0，加蒸馏水将混合物在 55℃下搅拌陈化 1h 后倒入不锈钢反应釜中，置于干燥箱，晶化温度分别为 85℃、95℃、105℃下晶化反应 8h，产物洗涤、干燥。图 3-5 为晶化温度 85℃、95℃、105℃时不同碱度结晶产物的 XRD 谱图。

由图 3-5 可知，晶化温度为 85℃时结晶产物均为 A 型沸石，$n(Na_2O):n(SiO_2)=$ 1.0、2.0 时沸石结晶度较高。晶化温度为 95℃，$n(Na_2O):n(SiO_2)=1.0$ 时结晶产物为 A 型沸石，且衍射峰的强度最大，尖锐程度最高，且其结晶度高于晶化温度为 85℃、105℃时沸石的结晶度。晶化温度为 105℃，低碱度到高碱度结晶产物均为 A 型沸石和 SOD 沸石混相，这是由于 A 型沸石在热力学上属于亚稳体系，晶化温度太高容易转变成 SOD 沸石。可见晶化温度很大程度影响沸石晶体的成核及生长速率，温度过低时，晶体生长缓慢，温度过高时，易引起晶体转型，因此晶化温度为 85~95℃适合 A 型沸石结晶。

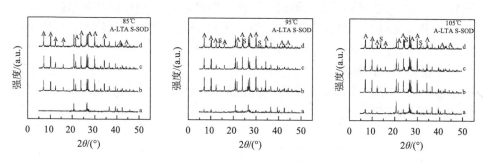

图 3-5　不同晶化温度沸石吸附剂的 XRD 图

a：$n(Na_2O):n(SiO_2)=0.5$；b：$n(Na_2O):n(SiO_2)=1.0$；c：$n(Na_2O):n(SiO_2)=2.0$；d：$n(Na_2O):n(SiO_2)=3.0$

（3）晶化时间对沸石吸附剂结晶的影响

称取焙烧后煤矸石 2g，调节初始物料的硅铝比为 1.5，调节 $n(Na_2O):n(SiO_2)$ 分别为 0.5、1.0、2.0、3.0，加蒸馏水将混合物在 55℃下搅拌陈化 1h 后倒入不锈钢反应釜中，置于干燥箱，晶化温度分别为 85℃、95℃下晶化反应 4h、8h、16h，产物洗涤、干燥。图 3-6、图 3-7 分别为晶化温度 85℃、95℃下晶化时间 4h、8h、16h 时不同碱度结晶产物的 XRD 谱图。

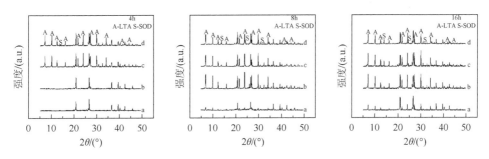

图 3-6　85℃不同晶化时间沸石吸附剂的 XRD 图

a：$n(Na_2O):n(SiO_2)=0.5$；b：$n(Na_2O):n(SiO_2)=1.0$；c：$n(Na_2O):n(SiO_2)=2.0$；d：$n(Na_2O):n(SiO_2)=3.0$

由图 3-6、图 3-7 知，在 85℃、95℃下晶化 4h，在低碱度时产物只有石英衍射峰，均未出现 A 型沸石的衍射峰，这是由于晶化时间短、碱度不够，导致凝胶生成量少，成核与晶体生长速率慢。在碱度一定的条件下，适当延长晶化时间，出现 A 型沸石（PDF#39-0222）的衍射峰，且在晶化时间为 8h 时，A 型沸石的衍射峰强度最大，当晶化时间延长至 16h 时，低碱度到高碱度结晶产物均为 A 型沸石和 SOD 沸石混相，这是因为 A 型沸石发生了转晶。可见延长晶化时间不利于 A 型沸石结晶，因此确定最佳晶化反应时间为 8h。

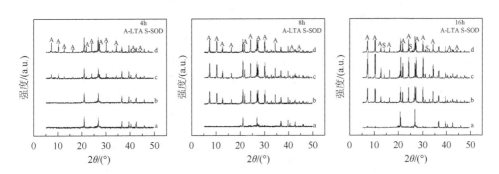

图 3-7　95℃不同晶化时间沸石吸附剂的 XRD 图

a：$n(Na_2O):n(SiO_2)=0.5$；b：$n(Na_2O):n(SiO_2)=1.0$；c：$n(Na_2O):n(SiO_2)=2.0$；d：$n(Na_2O):n(SiO_2)=3.0$

（4）反应体系碱度对沸石吸附剂结晶的影响

碱度是影响沸石晶型的重要因素。图 3-8、图 3-9 分别为在 85℃、95℃下晶化 8h 时不同碱度结晶产物的 SEM 图。

由图 3-8、3-9 可知 A 型沸石晶型呈立方体，晶化温度为 85℃，$n(Na_2O):$

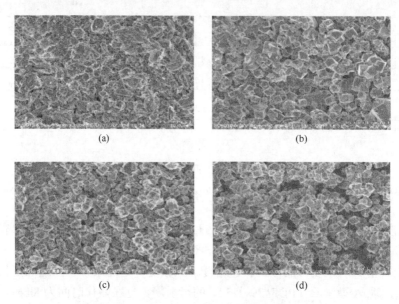

图 3-8　85℃不同碱度沸石吸附剂的 SEM 图
（a）0.5；（b）1.0；（c）2.0；（d）3.0

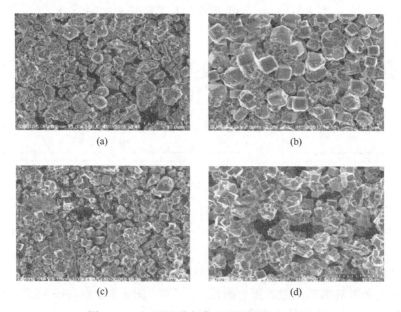

图 3-9　95℃不同碱度沸石吸附剂的 SEM 图
（a）0.5；（b）1.0；（c）2.0；（d）3.0

$n(SiO_2)$ = 1.0、2.0 时，A 型沸石的结晶度较高，晶化温度为 95℃，$n(Na_2O):n(SiO_2)$ = 1.0 时，A 型沸石的结晶度较高，碱度过高会出现一些不规则颗粒，因此碱度升高有利于 SOD 结晶及生长，这与 XRD 分析得到的结果一致，由此分析 A 型沸石在中性或弱碱性介质中较稳定，在合成过程中要严格控制体系的碱度，若合成的 A 型沸石母液碱度较高，必须及时分离，否则 A 型沸石会转变成方钠石。通过观察产物微观形貌，得出碱度不仅影响产物的结构，还能改变晶体尺寸。因此确定适合 A 型沸石结晶的最佳碱度为 $n(Na_2O):n(SiO_2)$ = 1.0。

2. 合成沸石的表征分析

按照初始物料硅铝比为 1.5，体系碱度 $n(Na_2O):n(SiO_2)$ 为 1.0，加蒸馏水将混合物在 55℃下搅拌陈化 1h 后倒入不锈钢反应釜中，置于干燥箱，晶化温度分别为 85~95℃下晶化反应 8h，产物洗涤、干燥得到 A 型沸石吸附剂。对 A 型沸石进行了 X-射线衍射分析、形貌分析、红外光谱分析、比表面积及孔径分析。

（1）XRD 分析

A 型沸石吸附剂的 XRD 图谱见图 3-10。

由图 3-10 观察可知，在 2θ 为 7.1°、10.2°、12.5°、16.2°、24.1°等处均有不同程度的 A 型沸石特征峰出现，且特征峰峰型尖锐，结晶度好。产物的衍射峰

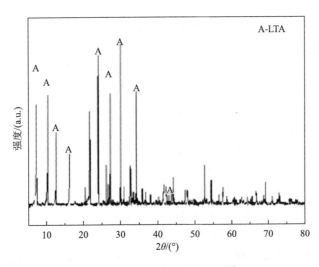

图 3-10 A 型沸石的 XRD 图

与 A 型沸石标准卡（PDF#39-0222）吻合，成功地利用煤矸石合成了 A 型沸石吸附剂。

（2）SEM 分析

A 型沸石吸附剂的 SEM 图谱见图 3-11。

由图 3-11 可知，合成的 A 型沸石呈立方体结构，且晶型结构完整、大小均匀，平均粒径为 3～4μm。

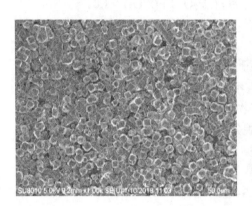 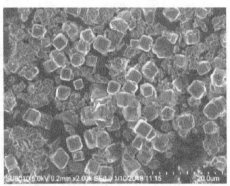

图 3-11　A 型沸石的 SEM 图

（3）红外光谱分析

A 型沸石吸附剂与煤矸石的 FT-IR 图谱见图 3-12。

由图 3-12 观察可知，合成的 A 型沸石吸附剂与煤矸石的红外光谱图中都有 T—O（T＝Si，O）的特殊振动吸收峰，为煤矸石合成沸石吸附剂提供了物质基础。观察沸石的 FT-IR 图，在 3435.81cm^{-1} 和 1633.50cm^{-1} 处出现的宽带吸收峰分别是沸石样品中的结构羟基和表面吸附水的伸缩振动，中频区 1086.21cm^{-1} 处出现的吸收峰属于 Si—O 伸缩振动，797.99cm^{-1} 为属于 Si—O—Al 的振动，465.14cm^{-1} 处出现的吸收峰为 T—O（T＝Si，O）的弯曲振动，这些特殊的振动吸收峰证明了样品的骨架为硅铝酸盐结构，555.11cm^{-1} 出现的是双四元环振动吸收峰（王春燕，2012），A 型沸石晶体结构是通过四元环将次级单元结构 β 笼连接起来的，因此证明产物为 A 型沸石吸附剂。

（4）比表面积及孔径分析

比表面积是评价吸附剂的重要参数之一。煤矸石与 A 型沸石的比表面积及孔容见表 3-2。A 型沸石的 N_2 吸附-脱附等温曲线及孔径分布曲线见图 3-13、3-14。

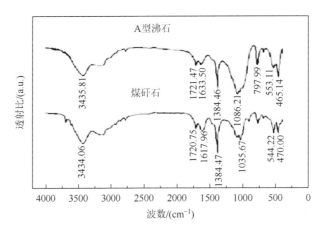

图 3-12　A 型沸石和煤矸石的红外光谱图

表 3-2　A 型沸石的表面结构参数

样品	比表面积/(m²/g)	孔容/(cm³/g)
煤矸石	0.861	0.020
A 型沸石	3.977	0.031

由表 3-2 可见，A 型沸石的比表面积相较于煤矸石增大，约为 4m²/g，是由于合成的 A 型沸石具有丰富的孔道结构，增加了内表面积。由图 3-13 知，此等

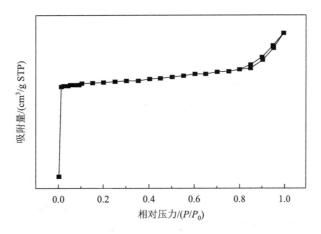

图 3-13　A 型沸石的 N_2 吸附-脱附等温曲线

温线属 IUPAC 分类中的 I 型。低温氮气吸附脱附等温线基本重合,在较低压就达到饱和吸附,之后等温线呈水平状态,直至达到饱和压力时等温线与 P/P_0 = 1.0 相交,因此沸石样品主要由孔径分布均一的微孔组成。图 3-14 是按 HK 方程计算所得的产品的孔径分布曲线,由图可知产品的孔径分布在 0.4~0.8nm 之间。

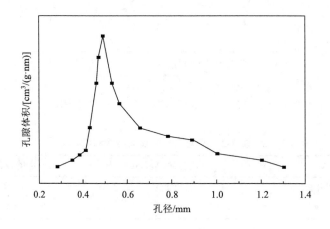

图 3-14 A 型沸石的孔径分布曲线

3. 本节小结

(1)以煤矸石为原料添加铝源,合成 A 型沸石吸附剂。研究了初始物料的硅铝比对最终结晶产物的结构和组成的影响以及反应体系的碱度、晶化温度、晶化时间对沸石吸附剂结晶的影响。实验结果表明:A 型沸石吸附剂在较低硅铝比条件下可以被合成,合成的 A 型沸石在热力学上属于亚稳体系,晶化温度太高容易转变成 SOD 沸石,且 A 型沸石在中性或弱碱性介质中较稳定。因此选择调整初始物料的硅铝比为 1.5,在晶化温度 85~95℃,体系的碱度为 $n(Na_2O):n(SiO_2)$ = 1.0,晶化反应 8h 时,可以合成出纯相 A 型沸石。

(2)通过产品的 XRD、SEM、FT-IR 数据显示,在最佳条件下合成了纯度较高、晶型完整、颗粒大小均匀,呈立方体结构的 A 型沸石吸附剂。产品的 BET 测试表明,合成的 A 型沸石孔径均一,其比表面积约为 $4m^2/g$。可作为一种良好的吸附剂应用于重金属废水处理。

3.1.3 乌海地区煤矸石（B 样）制备 A 型沸石实验探究

1. B 样制备沸石条件的优化探究

（1）焙烧温度优化

分别在不同温度下焙烧煤矸石样品 2h，称取 3.000g 焙烧后煤矸石，加入 0.0960g SiO_2、2.2800g NaOH、31.60mL H_2O，调节 $n(Na_2O):n(SiO_2) = 1.50$、$n(SiO_2):n(Al_2O_3) = 2.00$，在 50℃下陈化 1h、置于反应釜中于 105℃下晶化 7h、洗涤、干燥制得沸石。所得沸石的 XRD、SEM 图谱如图 3-15、图 3-16 所示。

由图 3-15 可以看出，所得沸石的 XRD 图谱，有大量的 A 型沸石的特征峰出现，且峰形尖锐，在 2θ 为 13.93°时有羟基方钠石的特征峰出现，所以在不同温度下所合成产物皆是 A 型沸石和羟基方钠石形成的混相。随着焙烧温度的不断升高，羟基方钠石的特征峰逐渐减弱，在 900℃时羟基方钠石的衍射峰最弱，A 型沸石的特征峰较为尖锐。

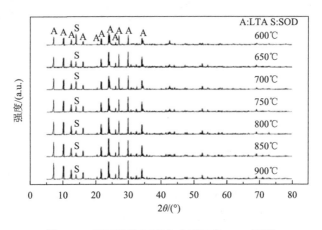

图 3-15　不同焙烧温度合成沸石的 XRD 图谱

由图 3-16 可以看出，在不同温度下所合成的 A 型沸石，都有羟基方钠石生成。在 750℃时所合成沸石伴有大量的羟基方钠石，随着温度的升高羟基方钠石不断减少，在 900℃时形成羟基方钠石最少，所以由 XRD、SEM 分析确定最佳焙烧温度为 900℃。

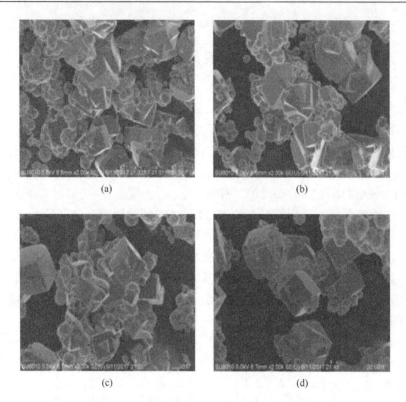

图 3-16　不同焙烧温度合成沸石的 SEM 图谱

(a) 750℃；(b) 800℃；(c) 850℃；(d) 900℃

（2）焙烧时间优化

在 900℃下分别焙烧煤矸石样品 1h、1.5h、2h、2.5h、3h、3.5h、4h。称取 3.000g 焙烧后煤矸石，加入 0.0960g SiO_2、2.2800g NaOH、31.60mL H_2O，调节 $n(Na_2O):n(SiO_2)=1.50$、$n(SiO_2):n(Al_2O_3)=2.00$，在 50℃下陈化 1h，置于反应釜中于 105℃下晶化 7h，洗涤、干燥制得沸石。所得沸石的 XRD、SEM 图谱如图 3-17、图 3-18 所示。

由图 3-17 可以看出，在 900℃下焙烧不同的时间，所得产物中都有羟基方钠石生成。在焙烧时间为 2h 时，羟基方钠石的峰形最弱，说明生成的羟基方钠石较少，随着时间的延长羟基方钠石在 2θ 为 13.93°的特征衍射峰，变得尖锐，说明羟基方钠石的结晶度较高。

由图 3-18 可以看出，在焙烧时间为 1.5h、2.5h、3h 所合成的 A 型沸石周围生成的羟基方钠石较多。在 2h 时生成较少量的羟基方钠石,且所生成的 A 型沸石,形貌较好。因此,综合考虑,确定最佳焙烧时间为 2h。

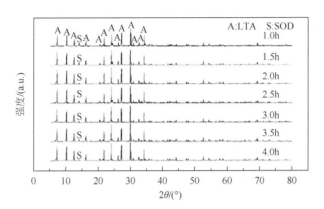

图 3-17　不同焙烧时间合成沸石的 XRD 图谱

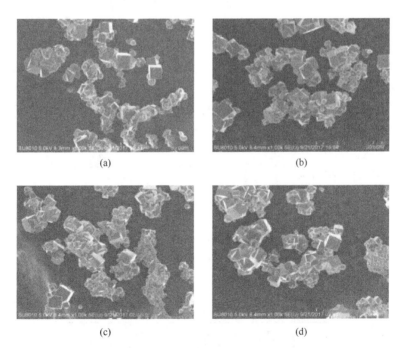

图 3-18　不同焙烧时间合成沸石的 SEM 图谱
(a) 1.5h；(b) 2.0h；(c) 2.5h；(d) 3h

(3) 晶化温度优化

在 900℃的温度下焙烧煤矸石样品 2.0h，称取 3.000g 焙烧后煤矸石，加入 0.0960g SiO_2、2.2800g NaOH、31.60mL H_2O，调节 $n(Na_2O):n(SiO_2) = 1.50$、$n(SiO_2):n(Al_2O_3) = 2.00$，在 50℃下陈化 1h、置于反应釜中于不同温度下晶化 7h，洗涤、干燥制得沸石。所得沸石的 XRD 谱图如图 3-19 所示，SEM 图如图 3-20 所示。

由图 3-19 所知，在 85℃时，XRD 图谱显示产物峰形为大包峰，说明没有晶体产生。90~100℃时，产物的衍射峰均为 A 型沸石的特征衍射峰，没有杂质峰的出现。100℃时，A 型沸石的特征衍射峰衍射强度最大，峰形狭窄尖锐，说明 A 型沸石的结晶度最好。在 105℃时，出现了羟基方钠石的特征峰。因此，由 XRD 分析结果可知，最佳的晶化温度为 100℃。

由图 3-20 可以看出，在 90~95℃下所合成的产物里均有 A 型沸石的球状晶核出现，但没有完全形成完整的晶体。在 105℃下合成的沸石中有球状的羟基方钠石晶体生物产生。在 100℃下，所合成的 A 型沸石，是棱角分明，表面光滑的立方体晶型。因此，最佳晶化温度为 100℃，与 XRD 分析结果一致。

(4) 晶化时间优化

在 900℃的温度下焙烧煤矸石样品 2.0h，称取 3.000g 焙烧后煤矸石，加入 0.0960g SiO_2、2.2800g NaOH、31.60mL H_2O，调节 $n(Na_2O):n(SiO_2) = 1.50$、$n(SiO_2):n(Al_2O_3) = 2.00$，在 50℃下陈化 1h，置于反应釜中在晶化温度为 100℃

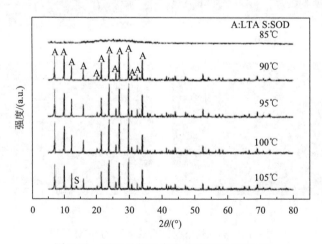

图 3-19 不同晶化温度合成沸石的 XRD 图

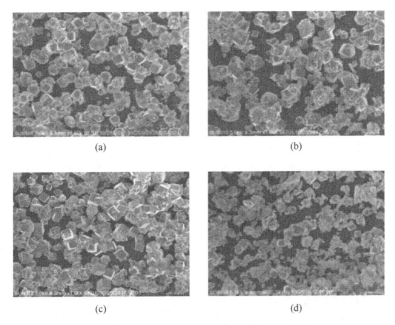

图 3-20　不同晶化温度合成沸石的 SEM 图谱

(a) 90℃；(b) 95℃；(c) 100℃；(d) 105℃

下，分别晶化 6h、7h、8h、9h、10h、11h，洗涤、干燥制得沸石。所得沸石的 XRD、SEM 谱图如图 3-21、图 3-22 所示。

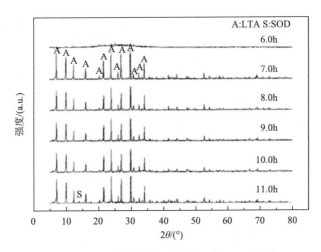

图 3-21　不同晶化时间合成沸石的 XRD 图谱

由图 3-21 所知,在晶化时间为 6h,XRD 图谱显示产物峰形为大包峰,说明没有晶体产生。随着晶化时间的延长,均出现 A 型沸石的特征峰,但是特征峰的衍射强度逐渐减弱,说明结晶度越来越差,在晶化时间为 7h,A 型沸石的特征峰衍射强度最大,峰形最尖锐,说明结晶度最好。在晶化时间为 11h 又出现了羟基方钠石的特征峰,所以,由 XRD 图谱可知,最佳的晶化时间为 7h。

由图 3-22 可以看出,在晶化时间为 6h,产物为无定形的絮状物质,没有晶体产生;在晶化时间为 7h 时,所生成的 A 型沸石,颗粒均匀,棱角分明,表面光滑。在晶化时间为 8h、9h 生成的 A 型沸石形貌不佳,结晶程度较差。所以由 SEM 的分析结果可知,最佳晶化时间为 7h,与 XRD 分析结果一致。故确定最佳晶化时间为 7h。

图 3-22　不同晶化时间合成沸石的 SEM 图谱
(a) 6.0h;(b) 7.0h;(c) 8.0h;(d) 9.0h

(5) $n(Na_2O):n(SiO_2)$优化

在 900℃的温度下焙烧煤矸石样品 2h,称取 3.000g 焙烧后煤矸石,加入

0.0960g SiO_2、31.60mL H_2O,调节 $n(SiO_2):n(Al_2O_3)=2.00$,加入不同质量的 NaOH 调节 $n(Na_2O):n(SiO_2)$ 分别为 1.30、1.40、1.45、1.50、1.55、1.60、1.70,在 50℃下陈化 1h、置于反应釜中于晶化温度为 100℃下,晶化 7h,洗涤、干燥制得沸石。所得沸石的 XRD、SEM 谱图如图 3-23、图 3-24 所示。

由图 3-23 所知,在 $n(Na_2O):n(SiO_2)=1.30$,$n(Na_2O):n(SiO_2)=1.40$ 时,碱度较低,不利于晶体的生长,所以没有晶体出现。在 $n(Na_2O):n(SiO_2)=1.45$ 时,生成了 A 型沸石的晶体,但特征衍射峰较弱,说明结晶程度较差,在 $n(Na_2O):n(SiO_2)=1.50$ 时,A 型沸石的特征衍射峰强度最大,峰形尖锐狭窄,说明 A 型沸石的结晶度较好。随着碱度的增大,衍射峰强度越来越低,说明结晶度逐渐减小。由 XRD 结果分析可知,$n(Na_2O):n(SiO_2)=1.50$ 时最佳。

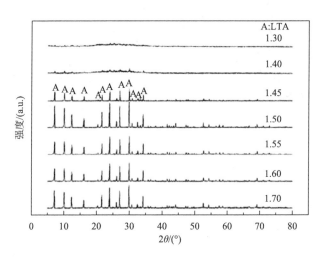

图 3-23 不同 $n(Na_2O):n(SiO_2)$ 合成沸石的 XRD 图谱

由图 3-24 可以看出 $n(Na_2O)/n(SiO_2)=1.40$ 时,有未结晶完全的 A 型沸石产生,在 $n(Na_2O):n(SiO_2)=1.45$ 时有 A 型沸石晶体出现,同时伴有未形成沸石的无定形状态煤矸石,结晶度较低,当 $n(Na_2O):n(SiO_2)=1.50$ 时,所生成的 A 型沸石,颗粒均匀,棱角分明,表面光滑;当 $n(Na_2O):n(SiO_2)=1.55$ 时,所生成沸石有团簇和塌陷的现象。因此,综合分析最佳 $n(Na_2O):n(SiO_2)=1.50$。

(6) $n(SiO_2):n(Al_2O_3)$ 优化

在 900℃下焙烧煤矸石样品 2.0h,称取 3.000g 焙烧后煤矸石,加入 0.0960g

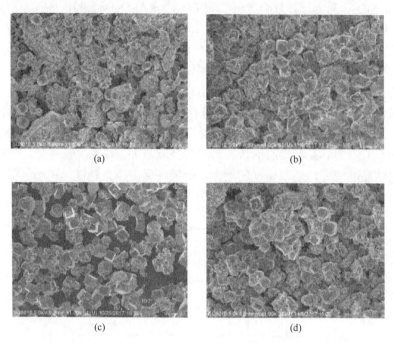

图 3-24　不同 $n(Na_2O)$：$n(SiO_2)$合成沸石的 SEM 图
（a）1.40；（b）1.45；（c）1.50；（d）1.55

SiO_2、31.60mL H_2O、2.2800g NaOH 调节 $n(Na_2O)$：$n(SiO_2)$ = 1.50，加入不同质量的 SiO_2 调节 $n(SiO_2)$：$n(Al_2O_3)$分别为 1.80、1.90、1.95、2.00、2.05、2.10、2.20，在 50℃下陈化 1h，置于反应釜中于晶化温度为 100℃下，晶化 7h，洗涤、干燥制得沸石。所得沸石的 XRD、SEM 谱图如图 3-25、图 3-26 所示。

由图 3-26 可知，在 $n(SiO_2)$：$n(Al_2O_3)$ = 2.00 时所合成沸石形貌最好，在 $n(SiO_2)$：$n(Al_2O_3)$ = 1.95、1.90 时也生成大量的 A 型沸石，但结晶度较差。由 XRD、SEM 综合分析可知最佳的 $n(SiO_2)$：$n(Al_2O_3)$ = 2.00。

2. 合成沸石的表征分析

（1）XRD 分析

煤矸石与沸石的 XRD 图谱如图 3-27 所示。

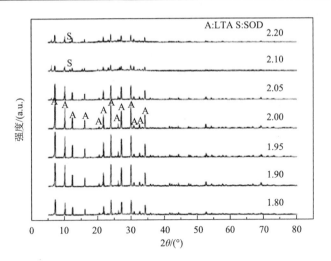

图 3-25　不同 $n(SiO_2):n(Al_2O_3)$ 合成沸石的 XRD 图谱

图 3-26　不同 $n(SiO_2):n(Al_2O_3)$ 合成沸石的 SEM 图谱
（a）2.00；（b）1.95；（c）1.90；（d）1.80

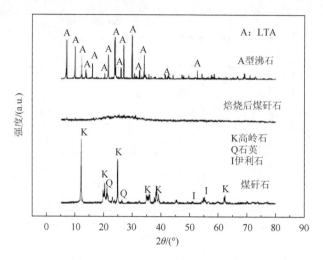

图 3-27　煤矸石和沸石 XRD 图谱

从图 3-27 中可以看出，煤矸石中矿物的衍射峰强度大，峰形尖锐。其中在 2θ 为 12.22°、21.26°、24.9° 及 2θ 为 35°～40° 出现的两组"山"字形衍射峰均为高岭石的特征峰，说明乌海地区煤矸石样品中含有大量的高岭石，与化学分析结果吻合，为合成沸石提供了物质基础（范雯阳等，2016）。焙烧后的煤矸石为无定形的大包峰，为后续合成沸石提供便利条件。沸石的 XRD 图谱中，在 2θ 为 7.02°、8.78°、12.36°、23.87°、24.1°、34.06° 等处均有 A 型沸石的衍射峰出现，且衍射峰强度较大，峰形尖锐，说明所合成 A 型沸石的结晶度较高。

（2）SEM 分析

在经过传统水热合成所制得 A 型沸石形貌如图 3-28 所示，A 型沸石的形状规则、表面光滑为正六面体晶体，且无杂晶存在。

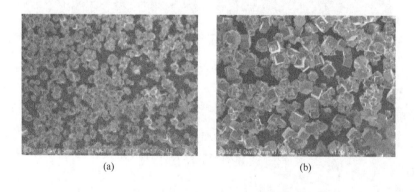

(a)　　　　　　　　　　　(b)

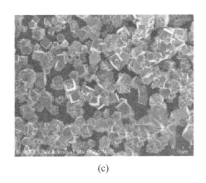

(c)   (d)

图3-28 A型沸石SEM图谱

(a) 100μm；(b) 50μm；(c) 50μm；(d) 10μm

（3）红外分析

对合成的沸石进行红外分析，红外光谱如图3-29所示。

由图3-29可知，实验所用煤矸石样品，在3692.62cm^{-1}、3619.11cm^{-1}处出现O—H的强吸收峰，其中3692.62cm^{-1}为界层间的O—H伸缩振动峰，3619.11cm^{-1}为Al—O八面体内的O—H伸缩振动峰，3433.85cm^{-1}处宽而强的吸收峰为H_2O的伸缩振动峰，在1720.97cm^{-1}、1617.64cm^{-1}处有吸收峰出现，分别为C=O、C=C的特征振动峰，1384.47cm^{-1}为C—H的弯曲振动峰，1034.60cm^{-1}

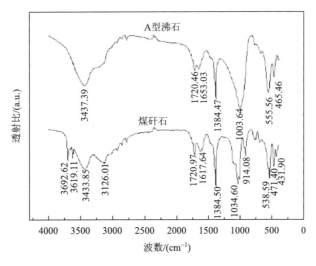

图3-29 A型沸石和煤矸石的红外光谱图

是 Si—O 的伸缩振动峰，914.08cm^{-1} 属于内表面羟基的弯曲振动峰，538.59cm^{-1}、471.40cm^{-1}、431.90cm^{-1} 均为 Si—O—Al 的弯曲振动峰（郝志飞，2016）。所合成的 A 型沸石，羟基的特征吸收峰消失，其余吸收峰部分相同，在 1003.64cm^{-1} 出现的吸收峰为 Si—O—H 伸缩振动峰。555.56cm^{-1} 为 Si—O 的双四元环振动吸收峰，465.46cm^{-1} 处为 Si—O—Al 的弯曲振动峰。说明有沸石的晶格振动，有沸石产生。

(4) 比表面积及孔径分析

煤矸石和 A 型沸石的表面结构参数测定结果见表 3-3。

由表 3-3 可知，煤矸石合成 A 型沸石的比表面积 5.499m^2/g，孔容为 0.040cm^3/g。比表面积约为煤矸石的 4.6 倍，产生这种现象的原因是所合成的 A 型沸石具有丰富的孔道结构，增加了内表面积，所以表面积增大。

表 3-3 煤矸石和 A 型沸石的表面结构参数

样品	比表面积 A_{BET}/(m^2/g)	孔容 V_{total}/(cm^3/g)
煤矸石	1.199	0.023
A 型沸石	5.499	0.040

A 型沸石对 N$_2$ 的吸附与脱附等温线如图 3-30 所示，A 型沸石的孔径分布如图 3-31 所示。

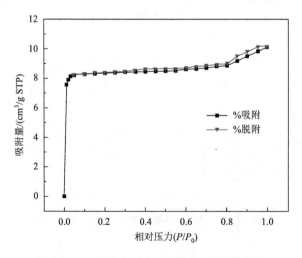

图 3-30 A 型沸石对 N$_2$ 的吸附与脱附等温线

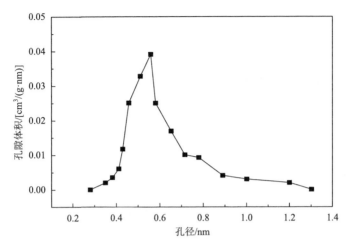

图 3-31　A 型沸石孔径分布图

由图 3-30 可知，等温吸附曲线属于 IUPAC 分类中的Ⅰ型，在相对压力较低的阶段（$P/P_0<0.1$），低压区的吸附曲线快速上升，约在 $P/P_0=0.1$ 达到吸附饱和，之后等温线呈水平状态，在相对压力较高的阶段（$P/P_0=0.4\sim1.0$），存在着 H4 滞后环，说明发生了微孔吸附（亢玉红等，2016）。图 3-31 是按 HK 方程计算所得产品的孔径分布曲线。由曲线可知，沸石的孔径分布在 0.4～0.8nm之间，处于微孔范围，最可几孔径为 0.58nm，说明该产品为微孔材料。

3. 本节小结

（1）通过控制变量法对焙烧时间、焙烧温度、晶化时间、晶化温度、$n(SiO_2)$：$n(Al_2O_3)$、$n(Na_2O)$：$n(SiO_2)$这些合成条件进行优化，利用 XRD、SEM 的表征方法确定以乌海地区煤矸石合成 A 型沸石的最佳制备条件为：焙烧温度为 900℃，焙烧时间为 2h，晶化温度为 100℃，晶化时间为 7h，$n(Na_2O)$：$n(SiO_2)=1.5$，$n(SiO_2)$：$n(Al_2O_3)=2$。制得 A 型沸石的结晶度高，结构清晰完整、棱角分明的立方体晶型。

（2）通过对煤矸石和所制备沸石的表征分析可知：煤矸石中的硅铝含量达67.06%，且物质的量比接近于 2，是合成 A 型沸石的廉价材料。所制得 A 型沸石的结晶度较好，是表面光滑，棱角分明的正六面体结构。红外光谱中在 300～1300nm 中有 A 型沸石的晶格振动，A 型沸石的比表面积为 5.499m^2/g，孔容为0.040cm^3/g，孔径分布在 0.4～0.8nm 之间，属于微孔材料。

3.1.4 乌海地区煤矸石（C 样）制备 A 型沸石实验探究

1. C 样品制备沸石的制备条件优化

（1）焙烧温度的选择和确定

将过筛后的煤矸石粉末放在瓷坩埚中置于马弗炉中，在 650~850℃下焙烧 2h，自然冷却后称取各个温度下焙烧的样品 3.000g，添加适量的 SiO_2、NaOH 和水调节体系的硅铝比（$nSiO_2/nAl_2O_3$）、钠硅比（$nNa_2O/nSiO_2$）和水钠比（nH_2O/nNa_2O）分别为 2.1、1.9 和 45，于 50℃的条件下磁力搅拌陈化 1.5h 后，转移至反应釜，密封后放于烘箱中，在 100℃的条件下进行 7h 晶化反应，冷却至室温后，使用蒸馏水水洗多次，最后干燥后制得沸石。对合成的产物进行 XRD 和 SEM 表征分析，如图 3-32、图 3-33 所示。

经检索知，NaA 沸石的标准卡（PDF#39-0222）特征峰分别为：2θ = 10.158°、12.45°、16.093°、21.647°、23.966°、27.089°、29.919°及 34.155°，d 值对应分

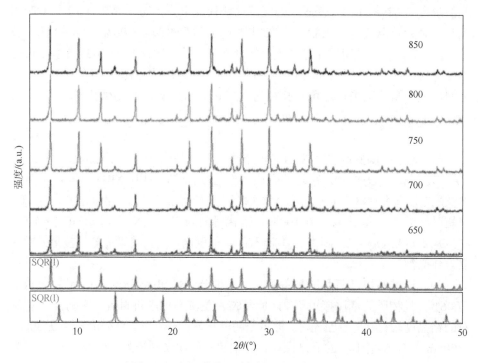

图 3-32　不同焙烧温度制备沸石的 XRD 图

别为 8.7010、7.1040、5.5030、4.1020、3.7100、3.2890、2.9840、2.6230 等。由图 3-32 可知,在 650~850℃的焙烧温度范围内,均出现了 NaA 沸石的特征衍射峰,并有少量的羟基方钠石(PDF#75-2318)的衍射峰出现。当焙烧温度由 650℃逐渐升高时,NaA 沸石的衍射峰的峰形慢慢变尖耸,强度也有增大的趋势,同时羟基方钠石(PDF#75-2318)的衍射峰强度逐渐降低。在 750℃时产物的特征峰出现在 $2\theta = 10.159°$、12.540°、16.111°、21.610°、23.991°、27.222°、30.057°、34.138°处,对应的 d 值分别为:8.7002、7.0531、5.4968、4.1089、3.7062、3.2732、2.9706 及 2.6242,与 NaA 沸石的特征图谱匹配度较高。由图 3-33 可以看到,在此焙烧温度范围内(650~850℃)都出现了呈立方体结构的 NaA 沸石,并均出现有少量的羟基方钠石。说明焙烧温度对于本实验煤矸石制备 NaA 沸石的干扰较小。适宜的焙烧温度可以使煤矸石中的硅源铝源转化为可溶于水的盐,以保证水热反应的进行,并提高产率(郝喜红等,2004)。对比不同焙烧温度下

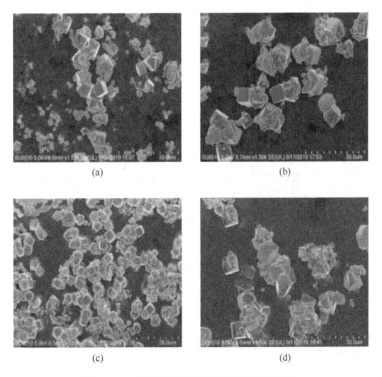

图 3-33　不同焙烧温度制备沸石的 SEM 图
(a) 650℃;(b) 700℃;(c) 750℃;(d) 800℃

合成沸石,在 750℃时制备的 NaA 沸石晶粒尺寸较为均一,结晶度较高。结合 XRD 图谱确定本实验煤矸石制备 NaA 沸石的焙烧温度为 750℃。

(2) 硅铝比的选择和确定

称取 750℃下焙烧 2h 的煤矸石样品 3.000g,加入适量的硅源（SiO_2）调节体系的硅铝比为 1.5~3.0,加入适量的碱（NaOH）、蒸馏水调节体系的钠硅比和水钠比分别为 1.9 和 45,于 50℃的条件下磁力搅拌陈化 1.5h 后,转移至反应釜,密封后放于烘箱中,在 100℃的条件下进行 7h 的晶化反应,冷却至室温后,经用蒸馏水水洗多次,最后干燥后制得沸石。对合成的产物进行 XRD 和 SEM 表征分析,如图 3-34、图 3-35 所示。

硅铝比（$nSiO_2/nAl_2O_3$）对分子筛的种类和产率影响重大。反应物中硅源与铝源经水解后形成硅酸根与铝酸根重排,进而晶化为晶体颗粒,适宜的硅铝比可促进晶体成核和生长（高君安,2019）。由图 3-34 可知,当体系的硅铝比

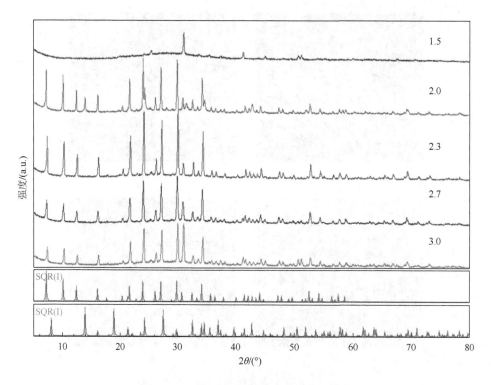

图 3-34　不同硅铝比制备沸石的 XRD 图

为 1.5 时，在 XRD 图谱中没有出现目标产物 NaA 沸石的晶体的衍射峰。当硅铝比在 2.0～3.0 范围内，随着硅铝比的增加，羟基方钠石（PDF#75-2318）的衍射峰的强度出现了降低的趋势，NaA 沸石的晶体衍射峰的强度呈现出增大的趋势，峰形也渐渐的变窄。当硅铝比超过 2.3 时，NaA 沸石的特征峰强度出现降低趋势。当硅铝比为 2.3 时，NaA 沸石的特征峰的强度最高、峰形也最为尖耸明锐，说明其结晶度较高。由图 3-35 可以看到，在硅铝比为 2.0～3.0 范围内均有 NaA 沸石的立方体晶体出现。在较低的硅铝比下，NaA 沸石的成核率较低，晶格不饱满；当硅铝比高于 2.3 时，立方体晶形大小不一，晶粒表面粗糙出现瑕疵，有部分团簇现象，还有少量晶体出现晶格破碎瓦解情况，当硅铝比为 2.3 时，可以看到沸石的成核率是较高的，而且晶体大小均一。综合判断分析，本实验煤矸石合成沸石的硅铝比确定为 2.3。

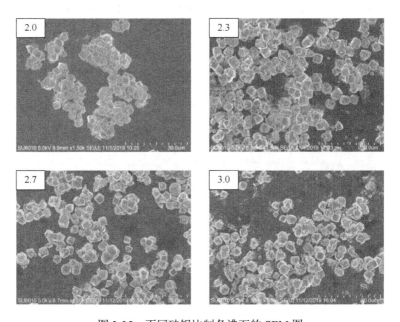

图 3-35　不同硅铝比制备沸石的 SEM 图

（3）钠硅比的选择和确定

在上述所确定的条件下，加入适量的碱（NaOH）调节体系钠硅比为 1.0～2.5，加入适量的蒸馏水调节水钠比为 45，后续步骤同上。对合成产物进行 XRD 和 SEM 表征分析，如图 3-36、图 3-37 所示。

碱度影响着沸石的合成速率和产物粒度。钠硅比（$n\mathrm{Na_2O}/n\mathrm{SiO_2}$）和水钠比（$n\mathrm{H_2O}/n\mathrm{Na_2O}$）共同决定水热体系的碱度。由图 3-36 可知，随着钠硅比的增加，NaA 沸石的特征峰的峰形逐渐尖耸变窄；在钠硅比为 1.9∶1 时，NaA 沸石的特征峰强度是最大的，说明此时沸石的结晶度较高。对比图 3-37，当低钠硅比体系中，硅铝凝胶转化成核的程度不高，结晶效果差，造成产率的降低。适当的增大钠硅比可促进原料的溶解。当钠硅比为 1.9 时，产物粒径均一，晶形较为完整，而当体系的钠硅比过高时，目标产物的结构发生了变化，少数出现晶格破碎。综合以上分析，确定本实验煤矸石制备 NaA 沸石的钠硅比为 1.9。

（4）水钠比的选择和确定

在上述确定的条件下，加入适量的蒸馏水调节水钠比为 30～60，后续步骤同上。对合成产物进行 XRD 和 SEM 表征分析，如图 3-38、图 3-39 所示。

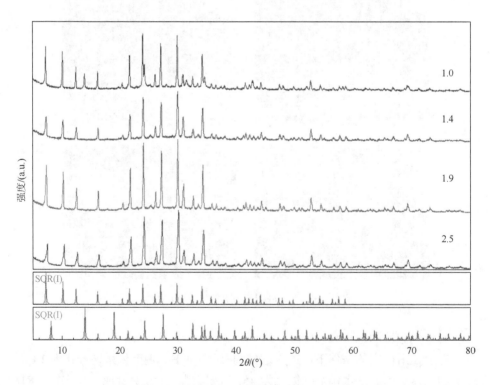

图 3-36　不同钠硅比制备沸石的 XRD 图

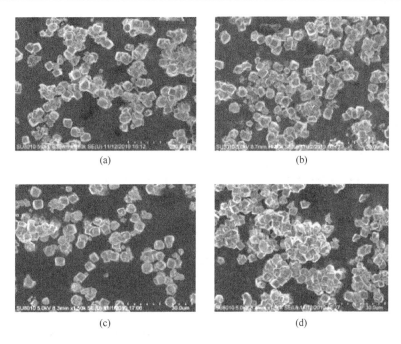

图 3-37　不同钠硅比制备沸石的 SEM 图
(a) 1.0；(b) 1.4；(c) 1.9；(d) 2.5

由图 3-38 可以看到，当水钠比由 30 提高到 45 时，NaA 沸石的特征峰强度呈增大趋势。在水钠比为 45 时，NaA 沸石的特征峰强度最大，而且峰形狭窄较尖锐；若继续增大水钠比，虽然还存在这 NaA 沸石的特征峰，但是已经出现了羟基方钠石（PDF 卡片#75-2318）的杂晶特征峰；而当水钠比为 60 时，NaA 沸石的特征峰消失。由图 3-39 可以看到，随水钠比的增加，产物成核率增加，但当水钠比过高时，目标产物消失，说明水钠比过高碱度太小不利于合成 NaA 沸石。适度降低水钠比，体系碱度增大，反应速率加快，产物结晶度增加，由此确定本实验煤矸石合成 NaA 沸石的最佳水钠比为 45。

（5）陈化时间的选择和确定

称取 750℃下焙烧 2h 的煤矸石样品 3.000g，在上述确定的原料比下，于 50℃的条件下磁力搅拌陈化不同时间后制备沸石。对合成产物进行 XRD 和 SEM 表征分析，如图 3-40、图 3-41 所示。

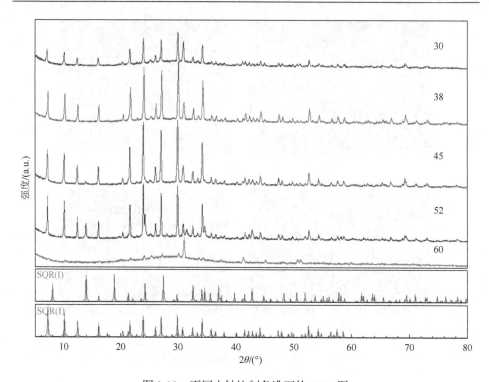

图 3-38　不同水钠比制备沸石的 XRD 图

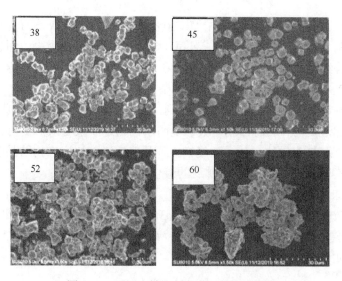

图 3-39　不同水钠比制备沸石的 SEM 图

适宜的陈化时间可以有效并充分地溶解反应原料,而且有利于成核。在陈化过程中,溶液中的硅源铝源不断地溶解形成活性硅铝酸根,它们围绕Na^+缩聚形成凝胶,进一步成核(孔德顺等,2013)。由图 3-40 可知,提高陈化时间,NaA 沸石的特征峰的强度呈增大趋势,同时杂晶羟基方钠石(PDF#75-2318)的衍射峰逐渐减弱,这说明对陈化时间进行适当的延长可使原料反应更充分。在陈化时间为 1.5h 时,NaA 沸石的衍射峰的强度是最高的,峰形也是最为狭窄明锐的,而且杂晶影响最弱。由图 3-41 可以看到,当陈化时间过短时,结晶效果不好,这是因为陈化时间过短,反应进行的不充分不彻底,生成的硅铝凝胶较少,导致产率低;适宜延长陈化时间可使原料充分反应生成硅铝凝胶,进而有利于沸石晶体的形成;而当陈化时间过长时,出现杂晶,目标产物的纯度降低。综合以上分析判断,本实验煤矸石合成沸石的陈化时间确定为 1.5h。

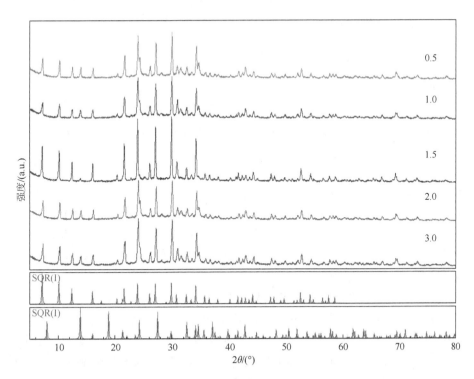

图 3-40 不同陈化时间制备沸石的 XRD 图

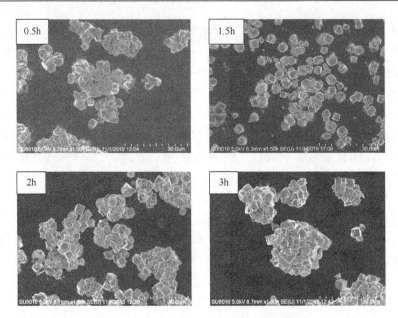

图 3-41　不同陈化时间制备沸石的 SEM 图

（6）晶化温度的选择和确定

在上述确定的原料比及陈化条件下，在晶化温度为 60～120℃的条件下分别晶化 7h 制备沸石。对合成产物进行 XRD 和 SEM 表征分析，如图 3-42、图 3-43 所示。

由图 3-42 可知，在晶化温度为 60℃时，没有出现 NaA 沸石的晶体衍射峰，说明在较低的晶化温度下未进行充分有效的结晶反应，在晶化温度为 80℃时 NaA 沸石的晶体衍射峰强度较高、峰形狭窄且尖耸。晶化温度 100℃、120℃与 80℃相比，NaA 沸石的晶体衍射峰强度稍有降低，同时随着晶化温度由 80℃升高至 100℃、120℃，还有羟基方钠石（PDF#75-2318）的衍射峰出现，这就会导致目标产物的纯度降低。

由图 3-43 可以看到，在过低的晶化温度下并没有沸石晶体的生成，这也说明在过低的温度下没有进行充分有效的结晶反应。当晶化温度为 80℃时，产物为单一的 NaA 沸石的立方体晶体，结晶度较高。当晶化温度继续升高，出现杂晶，目标产物的纯度下降。综合判断确定本实验煤矸石制备 NaA 沸石的晶化温度为 80℃。

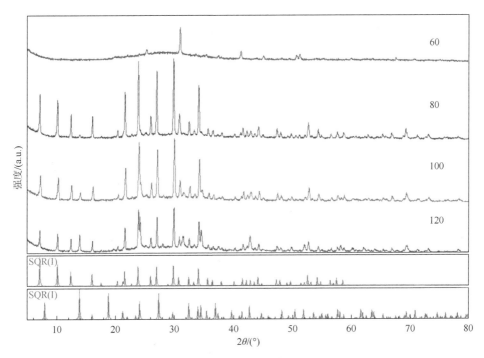

图 3-42　不同晶化温度制备沸石的 XRD 图

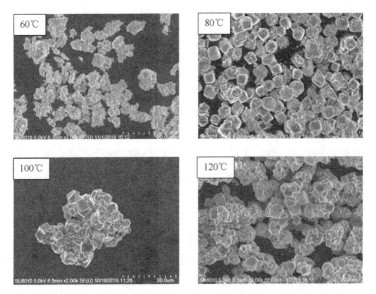

图 3-43　不同晶化温度制备沸石的 SEM 图

（7）晶化时间的选择和确定

按照上述确定的条件，进行不同时间的晶化反应来制备沸石。对合成产物进行 XRD 和 SEM 表征分析，如图 3-44、图 3-45 所示。

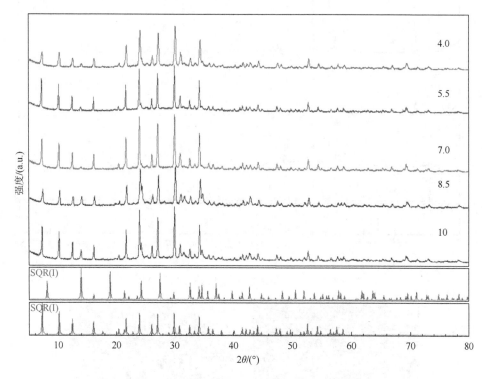

图 3-44　不同晶化时间制备沸石的 XRD 图

由图 3-44 可知，在 4~10h 的晶化时间范围内，都出现了目标沸石的晶体衍射峰，但是较短的晶化时间下，其晶体衍射峰的强度不高，峰形也比较宽，这说明晶化反应不完全。晶化 7h 时，NaA 沸石的晶体衍射峰的强度是最高的，与 NaA 沸石标准卡片吻合度好，峰形较窄且尖耸明锐，说明其目标产物的纯度较高。继续增加晶化时间，杂晶羟基方钠石（PDF#75-2318）的衍射峰出现并逐渐增强。由图 3-45 可以看到，不同晶化反应时间下制备的沸石，晶形晶貌也有较大区别。晶化过程是使无定形的硅铝凝胶转变为具有一定晶形结构的沸石的过程（孔德顺，2011）。晶化时间过短，成核率较低；晶化时间的适当增加也使晶核的形成数量变多，提高了结晶度，合成的沸石晶体也就会越多；当晶化时间过长时，可以看到有毛线团状的晶体产生，目标沸石的晶体纯度降低。综合以上分析判断确定本实验煤矸石制备 NaA 沸石的晶化时间为 7h。

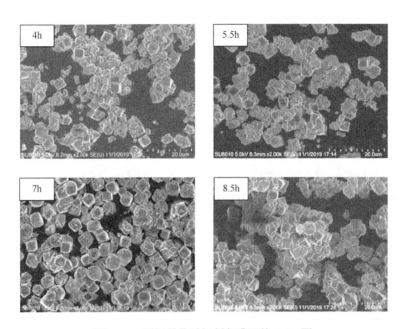

图 3-45　不同晶化时间制备沸石的 SEM 图

2. NaA 沸石的表征

称取 750℃下焙烧 2h 的煤矸石样品 3.000g，加入适量的硅源（SiO_2）调节体系的硅铝比为 2.3，加入适量的碱（NaOH）调节体系钠硅比为 1.9，加入适量的蒸馏水调节水钠比为 45，于 50℃的条件下磁力搅拌 1.5h 后，转移至反应釜放于烘箱中，在 80℃的条件下进行 7h 的晶化反应，冷却至室温后经多次水洗后，干燥制得沸石，如图 3-46 所示。对合成的产物进行产物的官能团（FT-IR）、物相（XRD）、微观形貌（SEM）以及 N_2 吸脱附曲线及比表面积（BET）分析。

（1）XRD 分析

对合成的 NaA 沸石进行 XRD 分析，结果如图 3-47 所示。

由图可以看出，NaA 沸石的标准图谱（PDF#39-0222）特征峰分别位于：$2\theta=$ 7.178°、10.158°、16.093°、23.966°、26.087°、27.089°、30.807°及 34.155°，d 值

图 3-46 （a）原煤矸石、（b）过筛后的煤矸石、（c）NaA 沸石数码照片

对应分别 12.3050、8.7010、5.5030、3.7100、3.4130、3.2890、2.9000 及 2.6230；在产物的 XRD 图谱中，在 2θ = 7.186°、10.180°、16.119°、23.998°、26.123°、27.133°、30.844°及 34.196°（对应 d 值为：12.2909、8.6824、5.4942、3.7952、3.4083、3.2838、2.8966 及 2.6199）等处均有 NaA 沸石的特征峰出现，与 NaA 沸石的标准图谱匹配度较好，并且峰形较窄、尖锐对称，强度高，说明结晶度较高。

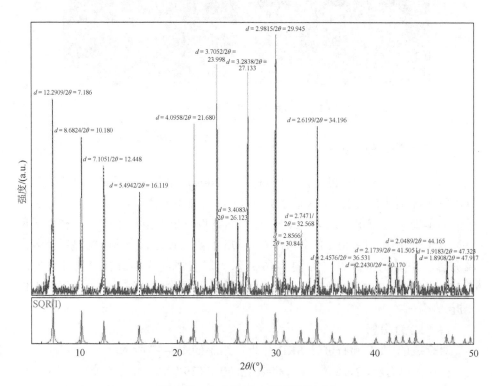

图 3-47 合成的 NaA 沸石 XRD 图

（2）SEM 分析

对合成的 NaA 沸石进行 SEM 分析，结果如图 3-48 所示。

由图 3-48 可知，合成的沸石为棱角分明、粒径均匀、结构清晰的正六面体晶体，为 NaA 型沸石。

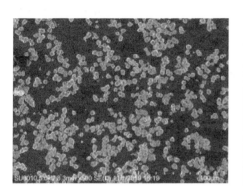

图 3-48　合成的 NaA 沸石 SEM 图

（3）NaA 沸石红外分析

对合成的 NaA 沸石进行红外光谱分析，结果如图 3-49 所示。

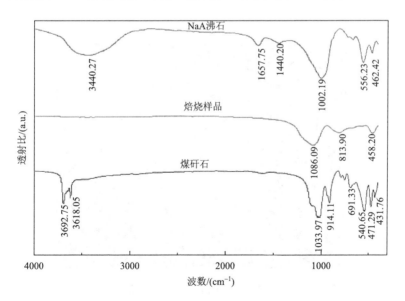

图 3-49　合成的 NaA 沸石 FT-IR 图

由图 3-49 可以看到，在原样中 431.7cm^{-1}、471.29cm^{-1}、540.65cm^{-1} 处为 Si—O—Al 的弯曲振动峰，914.11cm^{-1} 处为羟基弯曲振动峰，1033.97cm^{-1} 处出现的强吸收峰为 Si—O 的伸缩振动峰，3618.05cm^{-1} 及 3692.75cm^{-1} 两处峰形尖锐的吸收峰分别由高岭石的内、外羟基振动所形成。焙烧后可以看到高岭石的羟基振动峰完全消失，说明高岭石羟基已脱除，只留下 1086.09cm^{-1} 处的 Si—O 伸缩振动峰和 813.90cm^{-1} 处的 Si—O—Al 的振动峰以及 458.20cm^{-1} 处的 Si—O 弯曲振动峰等三条表征吸收带，这三条都是由偏高岭石所形成的，说明煤矸石经焙烧后，其含有的高岭石已向偏高岭石转变。合成的 NaA 沸石中，462.42cm^{-1} 处为 Si—O（Al—O）的弯曲振动峰，556.23cm^{-1} 处为 Si—O 双四元环振动吸收峰，1002.19cm^{-1} 处为 Si—O 的伸缩振动峰，3440.27cm^{-1} 处为硅铝酸盐 SiOH 和 AlOH 中的—OH 的伸缩振动带（郜玉楠，2019）。综上可知，煤矸石具备合成沸石的骨架结构，而且合成的沸石双四元环结构说明合成的沸石为 NaA 型沸石。

（4）NaA 沸石 EDS 分析

对合成的沸石进行能谱分析，结果如图 3-50、图 3-51 所示。

由图 3-50 和图 3-51 可以看到，产物中 O、Si、Al 和 Na 等目标元素均存在，根据能谱分析结果可知合成的沸石中目标元素原子的百分比为 O∶Si∶Al∶Na = 53.023∶10.111∶10.687∶11.451。

图 3-50　NaA 沸石的 SEM 图

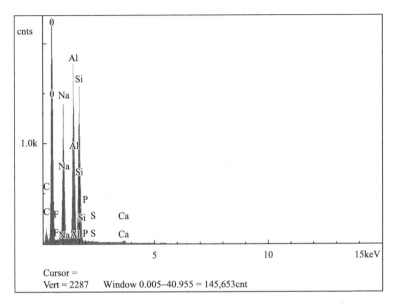

图 3-51　NaA 沸石的 EDS 图

（5）NaA 沸石 BET 分析

NaA 沸石及煤矸石原样的表面结构参数见表 3-4，NaA 沸石的 N_2 吸附脱附等温曲线及孔径分布曲线见图 3-52、图 3-53。

由表 3-4 及图 3-52 可以看出，合成的 NaA 沸石比表面积为 4.067m²/g，孔容为 0.029cm³/g，合成沸石 N_2 吸附-脱附曲线为Ⅲ型曲线，并且出现了 H3 滞后环，这说明有介孔结构存在于产物样品中。由图 3-53 可以看出，沸石含有丰富的微孔结构，其孔径主要集中在 1.8784nm，同时还存在介孔结构，其孔径主要集中在 3.9206nm 处，其比表面积与煤矸石相比增大了 2.5 倍，孔容增大了 2 倍。这是因为沸石是一种具有架状结构的矿物，其具有丰富的孔道，从而增加了其内表面积，从以上数据可以看出合成的沸石含有微介孔，这也为吸附实验奠定了基础。

表 3-4　煤矸石及 NaA 沸石的表面结构参数

样品	比表面积/(m²/g)	孔容/(cm³/g)
煤矸石	1.623	0.014
NaA 沸石	4.067	0.029

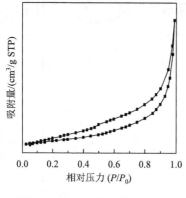
图 3-52　NaA 沸石的 BET 图

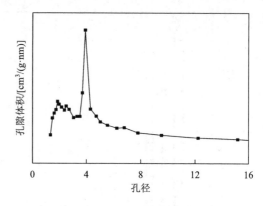
图 3-53　NaA 沸石的孔径分布图

3. 本节小结

（1）以煤矸石为实验原料，通过低温水热合成法成功地合成了 NaA 沸石分子筛，并对影响沸石合成的因素进行了选择和确定。最终确定本实验煤矸石制备 NaA 沸石的最佳条件为：将煤矸石粉末置于瓷坩埚放于马弗炉中，在 750℃条件下焙烧 2h，自然冷却后称取焙烧后样品 3.000g，通过添加适量的 SiO_2、NaOH 和蒸馏水调节体系的硅铝比、钠硅比和水钠比分别为 2.3、1.9 和 45，在 50℃下搅拌陈化 1.5h 后，转入反应釜中置于烘箱中，在 80℃的温度下晶化 7h，自然冷却后经多次水洗至中性后，于干燥箱中干燥即得 NaA 沸石。

（2）对合成的 NaA 沸石进行了表征分析。XRD、SEM 结果显示，产物是棱角分明、粒径均一并呈立方体结构的 NaA 沸石，与 NaA 沸石标准卡片吻合度较高。由 BET 测试结果可知合成的 NaA 沸石同时存在微介孔结构，微孔孔径主要集中在 1.8784nm，介孔孔径主要集中在 3.9206nm，孔容为 $0.029cm^3/g$，比表面积为 $4.067m^2/g$。

3.2　煤矸石合成 X 型沸石及其表征

3.2.1　内蒙古部分地区煤矸石样品表征分析

1. 各地区煤矸石的化学成分分析

分别对内蒙古自治区赤峰市及呼伦贝尔市的煤矸石样品利用全谱直读等离子体发射光谱仪进行化学成分的分析，结果如表 3-5 所示。

表 3-5　煤矸石样品主要成分分析（质量分数，%）

	SiO_2	Al_2O_3	Fe_2O_3	CaO	MgO	Na_2O	LOS
赤峰市（E）	48.68	16.27	2.02	0.89	0.72	0.09	26.92
呼伦贝尔市（F）	61.68	19.18	2.62	0.25	0.15	0.57	30.68

由表 3-5 检测结果可知：

两种样品中所含 SiO_2 和 Al_2O_3 总含量分别为 64.95%和 80.86%，SiO_2 与 Al_2O_3 物质的量比值分别约为 4.9 和 5.5，具有合成高硅 X 型沸石的条件；此外 Fe_2O_3、CaO、MgO、Na_2O 的含量较小，对试验的影响可忽略不计。

2. 两种煤矸石的 XRD 分析

煤矸石的 XRD 谱图如图 3-54（左），分析表明该地区煤矸石的主要矿物为石英为主，直接焙烧难以提供制备 X 型沸石的原料要求；图 3-54（右）为碱熔熔焙烧后的煤矸石样品，将煤矸石原样通过碱熔熔法 SiO_2 衍射峰消失，晶体 Si 转化为无定形 Si，与 NaOH 结合形成 Na_2SiO_2，为制备 X 型沸石提供了可能。

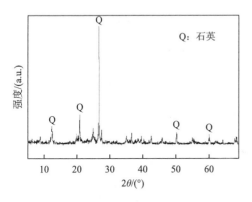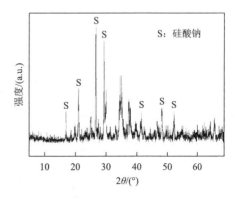

图 3-54　煤矸石及碱熔焙烧样的 XRD 谱图

将该地区煤矸石粉末和该粉末与碱的均匀混合物分别在不同温度下焙烧活化 2h，去除其中的可燃物、水分及熔化煤矸石的石英、莫来石。得到的焙烧样 XRD 图分别见图 3-55、图 3-56。

由图 3-55 可知，原煤矸石在不同温度下焙烧后可以将其里面的一些杂质去除，但顽固的石英等成分仍没有被融熔成硅铝酸盐。图 3-56 可知，煤矸石加碱焙烧后，稳定的石英成分融熔成合成沸石所需要的硅铝酸盐。综上可先将煤矸石活化 2h，再用碱融熔-水热法合成沸石分子筛。

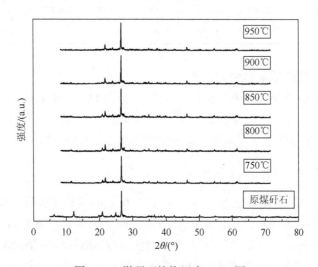

图 3-55　煤矸石焙烧温度 XRD 图

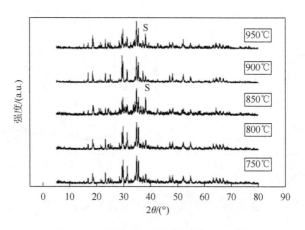

图 3-56　煤矸石加碱焙烧温度 XRD 图

3. 煤矸石 TG-DSC 分析

煤矸石的 TG-DSC 图谱如图 3-57 所示。

在 N_2 气氛下，气速 100mL/min，升温速率 10℃/min，终温 1000℃。样品

在 400~550℃之间形成一个较宽的放热峰,600~800℃左右结构被破坏出现强吸收峰。由 TG-DSC 确定煤矸石的焙烧温度为 600~800℃。

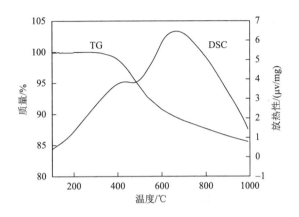

图 3-57　煤矸石的 TG-DSC 图

4. 煤矸石 SEM 分析

煤矸石的 SEM 图谱如图 3-58 所示。

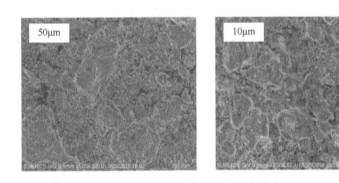

图 3-58　煤矸石 SEM 图

由图观察,煤矸石颗粒表面粗糙、疏松,呈不规则的片层形状。这是因为煤矸石的主要矿物成分中的高岭石,是含结构水的层状硅酸盐矿物,其中结构羟基分布在铝氧八面体层中,为制备沸石提供可能。

3.2.2 赤峰地区煤矸石（D样）制备X型沸石实验探究

1. 煤矸石合成X型沸石条件优化

（1）焙烧温度优化

取原料煤矸石 3g 与 NaOH 在镍坩埚中混合，使钠硅比 $n(Na_2O):n(SiO_2)=2.0$、分别置于 550℃、600℃、650℃、700℃、750℃的马弗炉内焙烧 2.0h；焙烧后冷却室温，研磨至粉末，加入 SiO_2 和水，调节硅铝比 $n(SiO_2):n(Al_2O_3)=3.00$、碱度比 $n(H_2O):n(Na_2O)$ 为 28；设定温度为 50℃，在恒温多头磁力搅拌器中搅拌陈化 2h；后置于反应釜中在真空干燥箱中进行晶化，晶化温度为 100℃，晶化时间为 8.0h；冷却室温后离心、水洗至中性，在 100℃的干燥箱中干燥制得 X 型沸石。所得沸石的 XRD、SEM 图谱如图 3-59、图 3-60。

如图 3-59 可知：在 550～600℃时原料所含 SiO_2 杂晶的衍射峰消失，出现了一些极弱的 X 型沸石衍射峰；650～700℃时，在出现了较强的 X 型沸石衍射峰，且峰形尖锐；随着焙烧温度的提高，煤矸石的内部结构会不断被破坏，在 NaOH 的作用下，碳类物质达到更高的去除率，生成了水溶性以及活性更优的新结构和新晶型，有大量的 X 型沸石的特征峰出现；同时也出现了较弱的八面

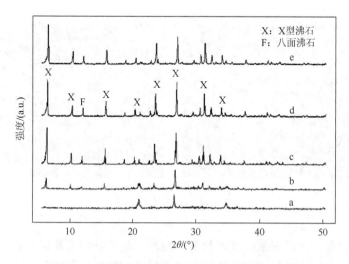

图 3-59　不同焙烧温度下合成 X 沸石的 XRD 图

(a) 550℃；(b) 600℃；(c) 650℃；(d) 700℃；(e) 750℃

沸石衍射峰，所合成产物皆是 X 型沸石和八面沸石形成的混相。在 700℃时八面沸石衍射峰较弱，X 型沸石的特征峰较为尖锐。

如图 3-60 可知：焙烧温度从 600～700℃，沸石形貌不断变化。在不同条件下都合成了 X 型沸石，且都伴随有少量八面沸石出现；随着焙烧温度的提高，煤矸石的内部结构会不断被破坏，在 NaOH 的作用下，X 型沸石晶体粒度逐渐增大，结晶度逐渐增高，而八面沸石不断减少；在 700℃时，X 型沸石粒度最大，粒度分布较均一、晶形较好；当温度超过了 700℃时，已经活化成分开始形成惰性物质，对后续的晶化过程会产生影响，因而会导致 X 型沸石粒度下降，结晶度下降。所以由 XRD、SEM 分析确定最佳的焙烧温度为 700℃。

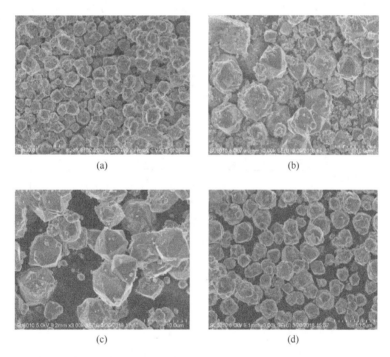

图 3-60　不同焙烧温度下合成 X 沸石的 SEM 图
(a) 600℃；(b) 650℃；(c) 700℃；(d) 750℃

（2）焙烧时间优化

取原料煤矸石 3g，为了使钠硅比 $n(Na_2O):n(SiO_2) = 2.0$，将 NaOH 与煤矸石在镍坩埚中混合。在焙烧时间分别为 0.5h、1.0h、1.5h、2.0h 以及 2.5h 下分别置于 700℃的马弗炉内焙烧；焙烧后冷却室温，研磨至粉末，加入 SiO$_2$ 和水，调节硅铝比 $n(SiO_2):n(Al_2O_3) = 3.0$、碱度比 $n(H_2O):n(Na_2O) = 28$；设定温度为 50℃，在恒温多头磁力搅拌器中搅拌陈化 2.0h；后置于反应釜中在真空干燥箱中进行晶化，晶化温度 100℃，晶化时间 8.0h；冷却室温后离心、水洗至中性，在 100℃ 的干燥箱中干燥制得 X 型沸石。所得沸石的 XRD、SEM 图谱如图 3-61、图 3-62。

如图 3-61 可知：在 0.5~1.5h 时，出现了一些极弱的 X 型沸石衍射峰，伴随有八面沸石产生，表明已有 X 型沸石晶体生成；2h 时，X 型沸石的衍射峰增多且峰形尖锐，强度有所增大，结晶度略有增高，对应的八面沸石的峰减弱；随着焙烧时间的不断增加，X 型沸石的衍射峰强度呈现下降趋势，结晶度也有所减弱，说明反应时间过长不利于 X 型沸石合成（赵秀芳，2005）。

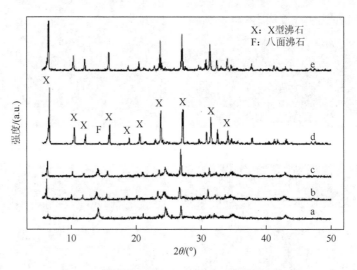

图 3-61　不同焙烧时间下合成 X 沸石的 XRD 图
(a) 0.5h；(b) 1.0h；(c) 1.5h；(d) 2.0h；(e) 2.5h

如图 3-62 可知：在 0.5~1.0h 时间范围内，有少量 X 型沸石生成周围伴随有八面沸石出现，在焙烧过程中晶型可能会发生转变，部分会转变为难溶性的晶型，会影响后续的晶化过程在 1.0~2.0h 时间范围内，X 型沸石晶体不断增加，到了 2.0h 时达到粒度最大，晶型相对完整，分布较为均一；随着时间的延长超过了 2.0h 时，晶相结构被破坏，会导致生成 X 型沸石晶型遭到破坏。由 XRD、SEM 得知最佳焙烧时间为 2.0h。

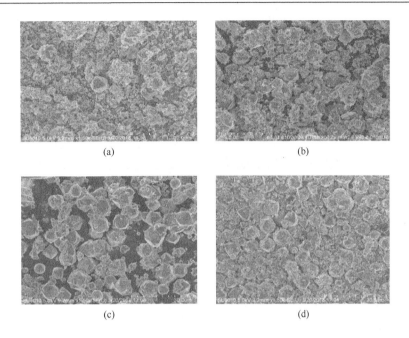

图 3-62　不同焙烧时间下合成 X 沸石的 SEM 图
（a）1.0h；（b）1.5h；（c）2.0h；（d）2.5h

（3）钠硅比优化

取原料煤矸石 3g，使钠硅比 $n(Na_2O):n(SiO_2)$ 分别为 1、1.50、1.8、2.5、3.0 加入不同质量的 NaOH，使其与煤矸石在镍坩埚中混合。在焙烧时间分别为 2.0h 下置于 700℃的马弗炉内焙烧；焙烧后冷却室温，研磨至粉末，加入 SiO_2 和水，调节硅铝比 $n(SiO_2):n(Al_2O_3)=3.0$、碱度比 $n(H_2O):n(Na_2O)=28$；设定温度为 50℃，在恒温多头磁力搅拌器中搅拌陈化 2.0h；后置于反应釜中在真空干燥箱中进行晶化，晶化温度 100℃，晶化时间 8.0h；冷却室温后离心、水洗至中性，在 100℃的干燥箱中干燥制得 X 型沸石。所得沸石的 XRD、SEM 图谱如图 3-63、图 3-64。

如图 3-63 可知：高温焙烧的过程中，煤矸石的主要成分石英的结构遭到破坏，NaOH 会与硅铝成分发生反应，生成硅铝酸盐以及硅酸盐。在 $n(Na_2O):n(SiO_2)=1.0$ 时，出现 A 型沸石特征峰，说明合成 A 型沸石；在 $n(Na_2O):n(SiO_2)=1.5$ 时，以 A 型沸石为主，有微弱的 X 型沸石的特征峰；在 $n(Na_2O):n(SiO_2)=1.8$ 时，A 型沸石特征峰消失，X 型的特征衍射峰强度最大、峰形尖锐，说明 X 型

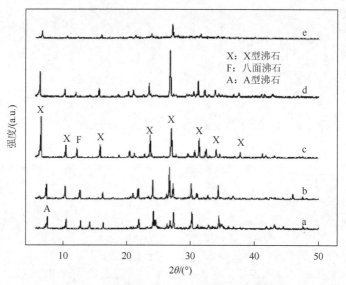

图 3-63 不同钠硅比合成 X 型沸石的 XRD 图

(a) 1.0;(b) 1.5;(c) 1.8;(d) 2.5;(e) 3.0

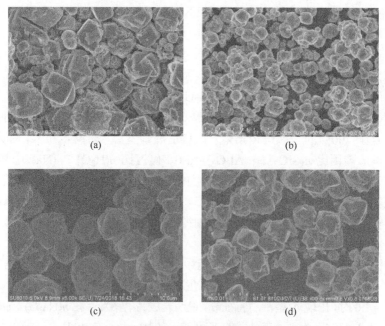

图 3-64 不同钠硅比合成 X 型沸石的 SEM 图

(a) 1.0;(b) 1.5;(c) 1.8;(d) 2.5

沸石的结晶度较好，分布均一；这时，煤矸石结构的破坏会增加固体与液体的接触面积，传质速度加快，迅速地合成沸石所需的结构单元；随着钠硅比的增加，X 型沸石衍射峰减弱，说明钠硅比的增加会影响 X 型沸石晶型地形成。

如图 3-64 可知：在钠硅比 $n(Na_2O):n(SiO_2) = 1.0$ 时，图中可以清楚的看到立方体结构的 A 型沸石。在 $n(Na_2O):n(SiO_2) = 1.5$ 时，产物为 X 型沸石与 A 型沸石的混相，没有结晶完整的八面体结构的 X 型沸石出现。随着钠硅比的增加，X 型沸石的结晶度增大，$n(Na_2O):n(SiO_2) = 1.8$ 时粒子聚合生长形成粒度分布较均一、晶形较好的微米晶粒，X 型沸石均为晶形完好的八面体；随着钠硅比的增大，所生成的沸石出现团簇，晶体的结晶度下降，晶型破坏。所以由 XRD、SEM 综合分析确定最佳的钠铝比为 1.8。

(4) 硅铝比优化

取原料煤矸石 3g，使钠硅比 $n(Na_2O):n(SiO_2)$ 为 1.50 加入 NaOH，使其与煤矸石在镍坩埚中混合。在焙烧时间分别为 2.0h 下置于 700℃的马弗炉内焙烧；焙烧后冷却至室温，研磨至粉末，加入不同质量的 SiO_2 和水，分别调节硅铝比 $n(SiO_2):n(Al_2O_3)$ 为 2.1、2.3、2.8、3.0、3.5，碱度比 $n(H_2O):n(Na_2O) = 28$；设定温度为 50℃，在恒温多头磁力搅拌器中搅拌陈化 2.0h；后置于反应釜中在真空干燥箱中进行晶化，晶化温度 100℃，晶化时间 8.0h；冷却室温后离心、水洗至中性，在 100℃的干燥箱中干燥制得 X 型沸石。所得沸石的 XRD、SEM 图谱如图 3-65、图 3-66。

合成反应中硅铝比对最后合成的沸石结构和组成有着重要作用。由图 3-65 可知：当调节硅铝比 $n(SiO_2):n(Al_2O_3)$ 为 2.1 时，结晶产物中有 A 型沸石生成，出现 A 型沸石晶体特征峰；在 $n(SiO_2):n(Al_2O_3)$ 为 2.3 时，A 型沸石特征峰减弱，伴随有较弱的 X 型沸石晶体的衍射峰出现，说明 X 型沸石产生；随着硅铝比的增加，X 型沸石衍射峰增强，A 型沸石消失，说明样品中 X 型沸石的含量在增加；在 $n(SiO_2):n(Al_2O_3)$ 为 2.8 时，X 型沸石衍射峰最强，峰形最为尖锐且晶型单一；随着时间的延长，会产生更多的硅铝酸盐以及硅酸盐，促进 X 型沸石的合成；当硅铝比超过了一定值时，会导致部分生成难溶的物质，破坏了晶相结构，影响后续的晶化过程。

由图 3-66 可知：在硅铝比 $n(SiO_2):n(Al_2O_3)$ 为 2.8 时所合成沸石形貌最好晶粒完整、形状规则的八面体结构，其表面几乎不含任何杂质；在硅铝比 $n(SiO_2):n(Al_2O_3)$ 在 3.0 时也生成大量的 X 型沸石，但结晶度较差、分布不均一且晶形被破坏、不完整。所以由 XRD、SEM 综合分析确定最优的硅铝比为 2.8。

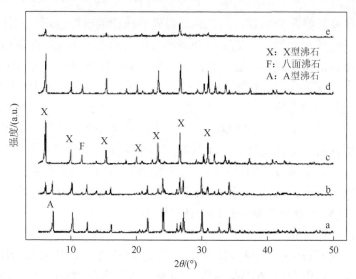

图 3-65　不同硅铝比下合成 X 型沸石的 XRD 图

(a) 2.1；(b) 2.3；(c) 2.8；(d) 3.0；(e) 3.5

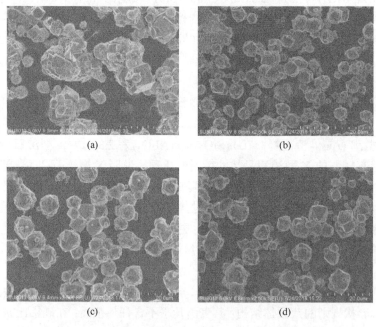

图 3-66　不同硅铝比下合成 X 型沸石的 SEM 图

(a) 2.1；(b) 2.3；(c) 2.8；(d) 3.0

(5) 碱度比优化

取原料煤矸石 3g, 使钠硅比 $n(Na_2O):n(SiO_2)$ 为 1.50 加入 NaOH, 使其与煤矸石在镍坩埚中混合。在焙烧时间分别为 2.0h 下置于 700℃的马弗炉内焙烧;焙烧后冷却室温,研磨至粉末,调节硅铝比 $n(SiO_2):n(Al_2O_3)$ 为 2.8, 加入不同质量的水,调节碱度比 $n(H_2O):n(Na_2O)$ 分别为 18、24、28、30、36;设定温度为 50℃, 在恒温多头磁力搅拌器中搅拌陈化 2.0h; 后置于反应釜中在真空干燥箱中进行晶化,晶化温度 100℃, 晶化时间 8.0h; 冷却室温后离心、水洗至中性,在 100℃的干燥箱中干燥制得 X 型沸石。所得沸石的 XRD、SEM 图谱见图 3-67、图 3-68。

在碱性较大的体系中,合成反应会降低聚合度,加快硅酸盐和铝酸盐离子在溶液中的聚集,缩短诱导期和成核时间,加快结晶速度。由图 3-67 可知:在不同的碱度条件下,均出现了 X 型沸石晶体的衍射特征峰。当碱度比 $n(H_2O):n(Na_2O)$ 低于 28 时,沸石分子筛衍射峰强度随着碱度比 $n(H_2O):n(Na_2O)$ 的增加而增强;达到碱度比 $n(H_2O):n(Na_2O) = 28$ 时,出现峰形尖锐,强度较高的 X 型沸石;当碱度比 $n(H_2O):n(Na_2O)$ 增加至 30 时,沸石分子筛衍射峰强度显著减弱,其八面沸石衍射峰也有所减弱;当碱度比 $n(H_2O):n(Na_2O)$ 为 36 时,图谱显示产物为大包峰,说明没有晶体产生。

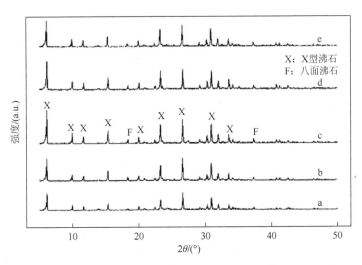

图 3-67 不同碱度比合成 X 型沸石的 XRD 图
(a) 18; (b) 24; (c) 28; (d) 30; (e) 36

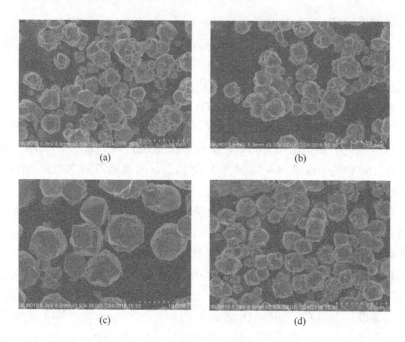

图 3-68 不同碱度比合成 X 型沸石的 SEM 图
(a) 18;(b) 24;(c) 28;(d) 30

由图 3-68 可知:随着碱度比 $n(H_2O):n(Na_2O)$ 的增高,生成的 X 型沸石结构越完整、棱角分明、结晶度越高、晶体尺寸增大。在碱度比 $n(H_2O):n(Na_2O)$ 为 28 时,X 型沸石形貌最为完整、粒度最大、伴随产生的杂质最少;当碱度增高到 30 时,出现一些不规则颗粒形成团簇;说明碱度 $n(H_2O):n(Na_2O)$ 不但影响沸石的晶体结构,还能影响晶体粒度,因此在实验中应严格控制体系中的碱度。所以由 XRD、SEM 综合分析确定最优的碱度比为 28。

(6) 晶化时间优化

取原料煤矸石 3g,使钠硅比 $n(Na_2O):n(SiO_2)$ 为 1.50,加入 NaOH,使其与煤矸石在镍坩埚中混合。在焙烧时间分别为 2.0h 下置于 700℃ 的马弗炉内焙烧;焙烧后冷却至室温,研磨至粉末,加入 SiO_2 和水,调节硅铝比 $n(SiO_2):n(Al_2O_3)$ 为 2.8,调节碱度比 $n(H_2O):n(Na_2O)$ 为 28;设定温度为 50℃,在恒温多头磁力搅拌器中搅拌陈化 2.0h;后置于反应釜中在真空干燥箱中进行晶化,在晶化温度 100℃ 下分别晶化 6.0h、7.0h、8.0h、9.0h、10h;冷却室温后离心、水洗至中性，在100℃的干燥箱中干燥制得 X 型沸石。所得沸石的 XRD、SEM 图谱见图 3-69、图 3-70。

由图 3-69 可知：在 6.0~7.0h 时，图谱上出现了一些强度极弱的 X 型沸石衍射峰，表明反应体系以成核作用为主，但已有生长的 X 型沸石晶体存在；8.0h 时，X 型沸石的衍射峰峰形十分完整，强度最大，结晶度略有增高，表明反应体系由成核为主开始转为以晶体生长为主；随着反应时间的不断增加，X 型沸石衍射峰强度减弱，结晶度略有降低，说明反应时间并不是越长越好。

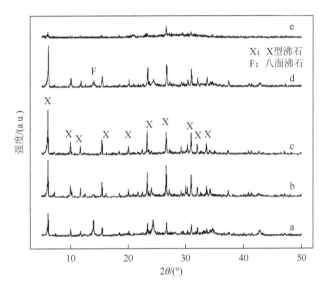

图 3-69　不同晶化时间下合成 X 型沸石的 XRD 图
(a) 6.0h；(b) 7.0h；(c) 8.0h；(d) 9.0h；(e) 10h

由图 3-70 可知：晶化时间为 6.0~7.0h 时，部分八面体结构的 X 型沸石粒子逐渐长大，是 X 型沸石晶体的快速生长期，反应体系已由成核过程为主转为以晶体生长为主；晶化反应 8.0h 时，晶体聚合生长、形成的产物粒度分布较均一、晶形较好的晶粒；随着反应的进行晶化 8.0h 后，X 型沸石均为晶形完好的八面体，晶体形态和晶粒大小变化不大，但杂质较多。由 XRD 及 SEM 综合分析，确定最佳晶化时间为 8.0h。

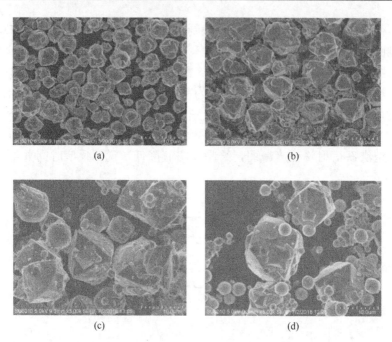

图 3-70 不同晶化时间下合成 X 型沸石的 SEM 图
(a) 6.0h；(b) 7.0h；(c) 8.0h；(d) 9.0h

(7) 晶化温度优化

取原料煤矸石 3g，使钠硅比 $n(Na_2O)：n(SiO_2)$ 为 1.50 加入 NaOH，使其与煤矸石在镍坩埚中混合。在焙烧时间分别为 2.0h 下置于 700℃的马弗炉内焙烧；焙烧后冷却室温，研磨至粉末，加入 SiO_2 和水，调节硅铝比 $n(SiO_2)：n(Al_2O_3)$ 为 2.8，调节碱比 $n(H_2O)：n(Na_2O)$ 为 28；设定温度为 50℃，在恒温多头磁力搅拌器中搅拌陈化 2.0h；后置于反应釜中在真空干燥箱中进行晶化，晶化温度分别在 80℃、90℃、100℃、110℃、120℃下晶化 8.0h；冷却室温后离心、水洗至中性，在 100℃的干燥箱中干燥制得 X 型沸石。所得沸石的 XRD、SEM 图谱见图 3-71、图 3-72。

由图 3-71 可知：在 80~90℃时，X 型沸石的衍射峰逐渐增强；100~110℃时，产物的衍射峰均为 X 型沸石的特征衍射峰，伴随较弱的八面体特征峰出现；100℃时，X 型沸石的特征衍射峰衍射强度最大，峰形狭窄尖锐，说明 X 型沸石的结晶度最好；在 120℃时，XRD 图谱显示产物峰形为大包峰，说明没有晶体产生。

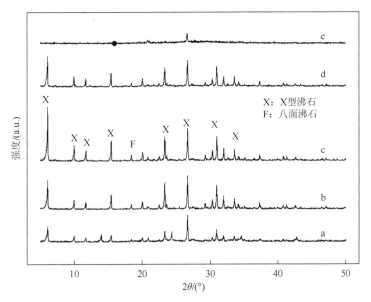

图 3-71　不同晶化温度下合成 X 型沸石的 XRD 图
(a) 80℃；(b) 90℃；(c) 100℃；(d) 110℃；(e) 120℃

由图 3-72 可知：在 80~90℃下所合成的产物里均有 X 型沸石的八面体晶核出现，但没有完全形成完整的晶体，80℃出现杂质较多，90℃时杂质逐渐减少；在 100℃下，所合成的 X 型沸石晶型单一，棱角分明，表明光滑的八面体晶型，出现杂质最少；随着温度的增加，晶体出现团簇，结构破坏。因此，根据 XRD 及 SEM 分析确定最佳晶化温度为 100℃。

2. 合成 X 型沸石的表征分析

根据确定合成 X 型沸石的最优条件，即取原料煤矸石 3g，使钠硅比 $n(Na_2O)$：$n(SiO_2)$为 1.50 加入 NaOH，与煤矸石在镍坩埚中混合；在焙烧时间分别为 2.0h 下置于 700℃的马弗炉内焙烧；焙烧后冷却室温，研磨至粉末，加入 SiO_2 和水，调节硅铝比 $n(SiO_2)$：$n(Al_2O_3)$为 2.8，调节碱度比 $n(H_2O)$：$n(Na_2O)$为 28；设定温度为 50℃，在恒温多头磁力搅拌器中搅拌陈化 2h；后置于反应釜中在真空干燥箱中进行晶化，晶化温度在 100℃下晶化 8h；冷却室温后离心、水洗至中性，在 100℃的干燥箱中干燥制得 X 型沸石如图 3-75 所示。对合成 X 型沸石进行 X 射线衍射光谱分析、形貌分析、红外光谱分析、光谱分析、比表面积及孔径分析等表征。煤矸石原样、粉末和 X 型沸石照片见图 3-73、图 3-74 和图 3-75。

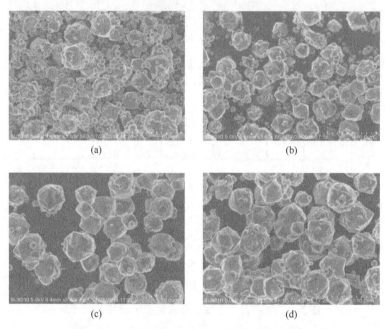

图 3-72　不同晶化温度下合成 X 型沸石的 SEM 图

（a）80℃；（b）90℃；（c）100℃；（d）110℃

图 3-73　煤矸石数码照片

图 3-74　煤矸石粉末数码照片

图 3-75　合成 X 型沸石数码照片

（1）X 型沸石 XRD 分析

合成的 X 型沸石的 XRD 图谱如图 3-76 所示。

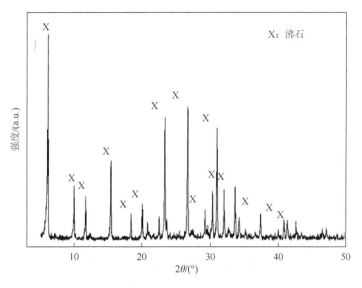

图 3-76　X 型沸石的 XRD 图

由图 3-76 可以看出：在 2θ 为 3.78、10.07、18.23、20.21、32.06 等处均有 X 型沸石的衍射峰特征峰出现，且衍射峰强度较大、峰形尖锐，说明合成的 X 型沸石结晶度较好。

（2）X 型沸石 SEM 分析

合成的 X 型沸石的 SEM 图谱如图 3-77 所示。

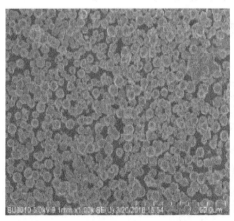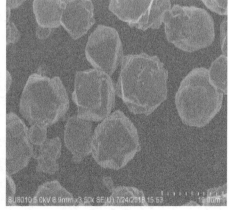

图 3-77　X 型沸石的 SEM 图

从图3-77可以看出：所合成的沸石晶型完整，表面光滑，棱角分明的优质八面体结构的 X 型沸石。

(3) X 型沸石 EDS 能谱分析

合成的 X 型沸石的 EDS 如图 3-78、图 3-79 所示。

从 X 型沸石的 SEM 图（图 3-78）可以看出晶体棱角分明，为八面体结构。根据煤矸石的主要成分及沸石的硅铝酸盐骨架为基础，对该沸石晶体进行了能谱分析（图 3-79），得到该沸石的目标元素都存在且每个元素的峰值较强，沸石中目标元素所含的百分比为 O：Na：Al：Si = 62.33：6.92：15.91：14.83。

图 3-78　X 型沸石的 SEM 图

(4) X 型沸石红外光谱分析

赤峰地区煤矸石与合成后 X 型沸石的 FT-IR 图谱如图 3-80 所示，进行分析后，发现吸收峰与之前的文章非常吻合（Yi S W et al.，2018）。

如图 3-80 可知：煤矸石分子结构中含氧官能团在 3415.91cm^{-1} 和 3710.81cm^{-1} 出现了 O—H 为界层间的伸缩振动，在 3406.61cm^{-1} 处出现的 H_2O 吸收峰峰强度相对较强，峰形较宽；在 1621.48～1393.45cm^{-1} 谱带出现水分子的弯曲振动峰；在 1020.62cm^{-1}、911.25cm^{-1} 有 Si—O—Si 吸收峰体现；而 515.98cm^{-1}、469.25cm^{-1} 均为 Si—O—Al 的弯曲振动。

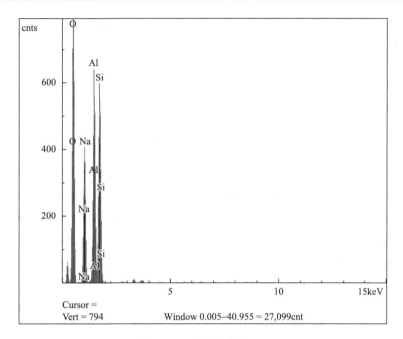

图 3-79　X 型沸石的 EDS

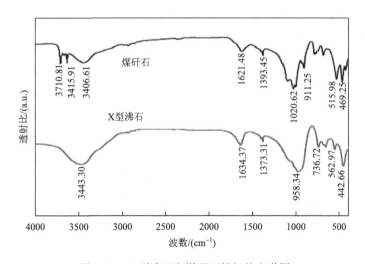

图 3-80　X 型沸石和煤矸石的红外光谱图

对于 X 型沸石来说，均存在 O—H 的伸缩振动、Si—O—Si 结构及 Si—O—Al 对外伸缩振动；但与煤矸石相比，沸石的 O—H 的吸收峰变宽且峰面积增加，发生蓝移至 3443.30cm^{-1}；958.34cm^{-1}、562.97cm^{-1} 和 442.66cm^{-1} 处出现了合成产物骨架内部的反对称性伸缩振动吸收峰、对称性伸缩振动吸收峰和 T—O 弯曲振动吸收峰；而新出现的 736.72cm^{-1} 吸收峰属于骨架外部联结振动的对称性伸缩振动吸收峰和次级结构单元（双六元环）振动吸收峰（邬忠琴，2007）。综上分析证明煤矸石内具有沸石的硅铝酸盐的骨架结果，而沸石中的双六元环次级结构单元说明产物为 X 型沸石。

（5）X 型沸石比表面积及孔径分析

合成的 X 型沸石和原煤矸石的表面结构参数结果如表 3-6 所示。

根据表 3-6 可知：合成后的 X 型沸石的比表面积为 354.802m^2/g，孔容为 0.024cm^3/g。X 型沸石与原煤矸石相比比表面积扩大了 43.7 倍，但孔容相比有所减小，说明合成后的 X 型沸石吸附剂表面疏松，具有丰富的孔结构，为后面的吸附实验奠定了基础。

X 型沸石通过对 N$_2$ 进行吸附脱附测定，制得的等温曲线如图 3-81 所示；X 型沸石的孔径分布如图 3-82 所示。

表 3-6　X 型沸石和原煤矸石的表面结构参数

样品	比表面积 A_{BET}/(m^2/g)	孔容 V_{total}/(cm^3/g)
X 型沸石	354.802	0.024
原煤矸石	8.114	0.056

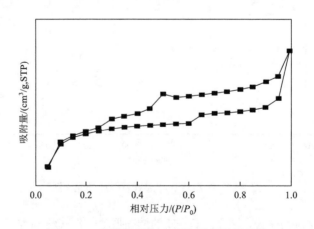

图 3-81　X 型沸石的 N$_2$ 吸附-脱附等温曲线

由图 3-81 可知：X 型沸石 N_2 吸附-脱附等温线为Ⅳ型曲线，在相对压力在 0.5～0.7 之间出现了明显的 H3 型滞后环，说明制备的 X 型沸石为介孔结构。由图 3-82 测试结果可知：X 型沸石的最可几孔径为 3.8nm，属于介孔范围。

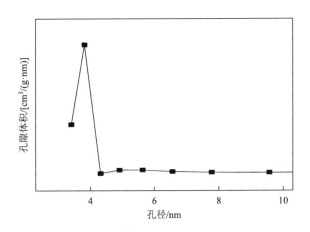

图 3-82　X 型沸石的孔径分布曲线

3. 本节小结

（1）以赤峰地区煤矸石为原料，通过碱融熔-水热合成法合成 X 型沸石。通过控制变量法对焙烧时间、焙烧温度、钠硅比 $n(Na_2O):n(SiO_2)$、硅铝比 $n(SiO_2):n(Al_2O_3)$、碱度比 $n(H_2O):n(Na_2O)$、晶化时间、晶化温度等条件进行优化。利用 XRD、SEM 等表征方法确定以赤峰地区煤矸石合成 X 型沸石的最佳制备条件为：焙烧温度为 700℃、焙烧时间为 2.0h、钠硅比 $n(Na_2O):n(SiO_2)$ 为 1.8、硅铝比 $n(SiO_2):n(Al_2O_3)$ 为 2.8、碱度比 $n(H_2O):n(Na_2O)=28$、晶化温度为 100℃，晶化时间为 8.0h。结果显示：合成的沸石是表面光滑、结构完整、晶型单一的 X 型沸石。

（2）通过对 X 型沸石的表征，根据 XRD、SEM、FI-IR、EDS 测定的数据显示，在最优的制备条件下合成的 X 型沸石度较高、晶型完整、颗粒大小均匀，呈棱角分明的八面体结构；BET 的结果显示：合成的 X 型沸石孔径均一，其比表面积约为 354.8m²/g，最可几孔径为 3.8nm，为介孔材料。综上可知：X 型沸石的特性为后面吸附试验提供了可行性。

3.2.3 呼伦贝尔地区煤矸石（E 样）制备 X 型沸石实验探究

1. 煤矸石合成因素对 X 型沸石吸附剂的影响

（1）焙烧温度对 X 型沸石的影响

取适量的煤矸石粉末于坩埚中，在 800℃的马弗炉中活化 2h，取 2g 的活化样与 2.4g 的 NaOH 调节碱灰比为 1.2，充分研磨混合，分别置于 700℃，750℃，800℃，850℃，900℃的马弗炉中焙烧 1h，冷却研磨成粉末，加水调节碱浓度比为 2.8，于恒温磁力搅拌器上搅拌均匀，将提取液置于反应釜中于恒温箱中 70℃下陈化 12h、100℃下晶化 6h，冷却后洗涤到中性，经干燥得到 X 型沸石。合成沸石的 XRD 图谱如图 3-83 所示。

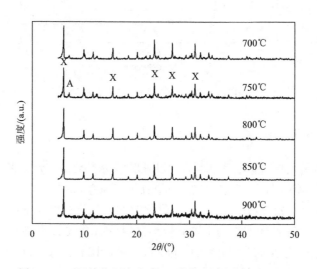

图 3-83　不同焙烧温度合成 X 型沸石吸附剂的 XRD 图

由图 3-83 可知：在焙烧温度 700～750℃时，有 A 型沸石的特征衍射峰出现，而 X 型沸石衍射峰强度弱，杂峰较多，说明该温度下合成的沸石是 A 型沸石和 X 型沸石的混相；800～850℃时，A 型沸石的特征峰消失，杂峰减少，X 型沸石的特征峰逐渐加强，说明随着温度的升高，混相逐渐转为单一相。900℃时杂峰增多，X 型沸石的衍射峰减弱。这可能是因为，煤矸石和 NaOH 碱熔融过程中，温度过低不能提取出有效的硅铝成分，随着温度的升高，煤矸石中的碳化物质及其他杂质成分与 NaOH 反应，提高了硅铝的溶出率，减少杂质，提高结晶率，而温度过高，煤矸石中已经分解的高岭石会转化成不具有活性的莫来石，降低活化成分的硅铝比，从而使得结晶率下降（李海杰，2018）。在 850℃时的沸石特征峰尖锐，杂质少，结晶度高，因此最佳焙烧温度是 850℃。

（2）碱灰比对 X 型沸石的影响

取适量的煤矸石粉末于坩埚中，在 800℃的马弗炉中活化 2h，取 2g 的活化样与 2.4g 的 NaOH 调节碱灰比为 1.2、1.3、1.4、1.5、1.6，充分研磨混合，置于 850℃的马弗炉中焙烧 1h，冷却研磨成粉末，加水调节碱浓度比为 2.8，于恒温磁力搅拌器上搅拌均匀，将提取液置于反应釜中于恒温箱中 70℃下陈化 12h、100℃下晶化 6h，冷却后洗涤到中性，经干燥得到 X 型沸石。合成沸石的 XRD 图谱、SEM 图如图 3-84、图 3-85 所示。

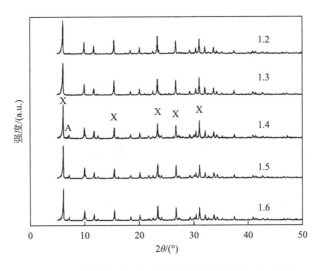

图 3-84　不同碱灰比合成 X 型沸石吸附剂的 XRD 图

由图 3-84 可知：在碱灰比为 1.2～1.3 时，X 型特征衍射峰锋形尖锐，强度增强，说明合成的沸石结晶度高；在碱灰比为 1.4～1.6 时，出现了较弱的 A 型沸石衍射峰，且随着碱灰比的增加衍射峰锋形逐渐增强，说明随着碱灰比的增加，A 型沸石的结晶度逐渐提高。对比图 3-85 不同碱灰比合成 X 型沸石的 SEM 图，在碱灰比为 1.2 时。合成的 X 型沸石颗粒大小均一，棱角分明，晶形相对完整；在碱灰比为 1.3 时合成的沸石有粘黏现象，碱灰比为 1.4～1.5 时，沸石中除有粘黏现象，还有其他的杂质快状杂质的生成。这可能是因为随着碱灰比的增加，NaOH 提取除煤矸石中的硅铝成分之外，过量的 NaOH 与煤矸石中的其他杂质反应形成熔融物，促进了杂质的生成（苏敏，2014）。综合图 3-84 和图 3-85 所述，最佳的碱灰比为 1.2。

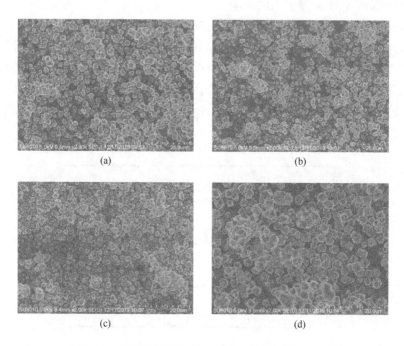

图 3-85　不同碱灰比合成 X 型沸石吸附剂的 SEM 图
（a）1.2；（b）1.3；（c）1.4；（d）1.5

（3）碱浓度比对 X 型沸石的影响

取适量的煤矸石粉末于坩埚中，在 800℃的马弗炉中活化 2h，取 2g 的活化样与 2.4g 的 NaOH 调节碱灰比为 1.2，充分研磨混合，置于 850℃的马弗炉中焙烧 1h，冷却研磨成粉末，加水调节碱浓度比为 2.4、2.8、3.0、3.2、3.4，于恒温磁力搅拌器上搅拌均匀，将提取液置于反应釜中于恒温箱中 70℃下陈化 12h，100℃下晶化 6h，冷却后洗涤至中性，经干燥得到 X 型沸石。合成沸石的 XRD 图谱、SEM 图如图 3-86、图 3-87 所示。

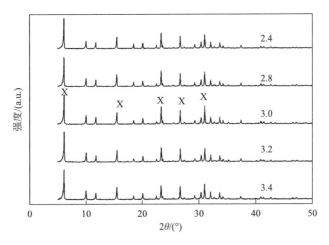

图 3-86 不同碱浓度比合成 X 型沸石吸附剂的 XRD 图

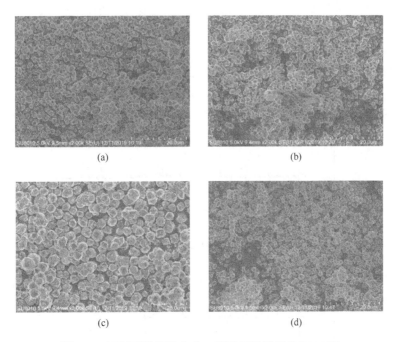

图 3-87 不同碱浓度比合成 X 型沸石吸附剂的 SEM 图

(a) 2.4；(b) 2.8；(c) 3.0；(d) 3.2

由图 3-86 可知：在 2θ 为 31.05°时，随着碱浓度的增加，X 型特征衍射峰峰型强度呈现先增强后减弱的趋势,在碱浓度比为 2.4 时,特征峰强度较弱,可能是碱度太低,晶体成核速率慢,形成的沸石结晶度较低,在碱浓度比为 3.0 时,特征衍射峰峰强度最大,随着碱浓度的进一步增加,该特征峰强度又逐渐减小,这可能是增大碱度加快了凝胶体系的解聚速率,使凝胶体系中的晶核数增加,从而降低了结晶度。对比图 3-87 的不同碱浓度比合成 X 型沸石的 SEM 图,可见碱浓度比为 2.4 时,合成的沸石颗粒较小,且伴有少量杂质生成;碱浓度比为 2.8 时,合成的沸石颗粒小,团簇现象严重。当碱浓度比为 3.0 时,形成的沸石表面比较光滑,颗粒大小均一,棱角分明,结晶度较高;在碱浓度比为 3.2 时,合成的沸石又出现团簇现象。与 XRD 检测结果一致,碱浓度比为 3.0 时合成的沸石结晶度较高。

(4) 陈化时间对 X 型沸石的影响

取适量的煤矸石粉末于坩埚中,在 800℃的马弗炉中活化 2h,取 2g 的活化样与 2.4g 的 NaOH 调节碱灰比为 1.2,充分研磨混合,置于 850℃的马弗炉中焙烧 1h,冷却研磨成粉末,加水调节碱浓度为 3.0,于恒温磁力搅拌器上搅拌均匀,将提取液置于反应釜中于恒温箱中 70℃下分别陈化 8h、12h、14h、16h、18h、20h,100℃下晶化 6h,冷却后洗涤到中性,经干燥得到 X 型沸石。合成沸石的 XRD 图谱、SEM 图如图 3-88、图 3-89 所示。

由图 3-88 可知:在时间为 8~12h 时,X 型衍射峰较低,且杂峰多,说明

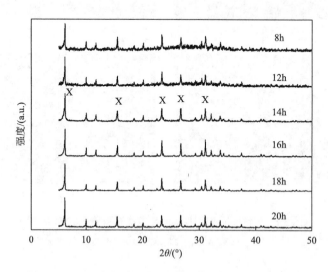

图 3-88 不同陈化时间合成 X 型沸石吸附剂的 XRD 图

较短的陈化时间形成的 X 型沸石晶形不完整，杂质多；在陈化时间为 14～16h 时，衍射峰逐渐增强，其中在 16h 时，衍射峰强度最高，杂峰少，结晶度高；在陈化时间为 18～20h 时，衍射峰强度又减弱，说明随着陈化时间的增加，凝胶体系由不均匀-均匀-不均匀之间转变，可能是因为陈化时间太短，使得高岭土不能溶解不完全，而陈化时间过长，使已经形成的晶核发生转晶。对比图 3-89 中不同陈化时间合成 X 型沸石的 SEM 图，可见陈化时间为 12h 时形成的 X 型沸石结构不完整，粘黏现象严重，杂质较多；14h 时杂质减少但仍有小团簇存在，陈化时间为 16h 时，形成的沸石杂质少，无团簇现象，颗粒大小均一，结晶度高。陈化时间为 20h 时，沸石中又出现大块团簇，且形成的沸石颗粒较小。因此，最佳的陈化时间是 16h。

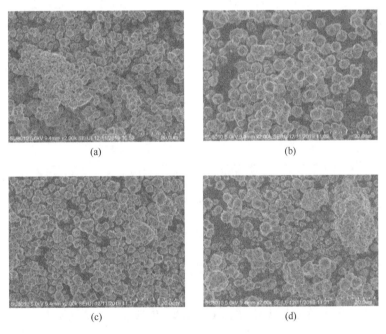

图 3-89　不同陈化时间合成 X 型沸石吸附剂的 SEM 图
(a) 20h；(b) 16h；(c) 14h；(d) 12h

(5) 晶化温度对 X 型沸石的影响

取适量的煤矸石粉末于坩埚中，在 800℃的马弗炉中活化 2h，取 2g 的活化样与 2.4g 的 NaOH 调节碱灰比为 1.2，充分研磨混合，置于 850℃的马弗炉中焙烧 1h，冷却研磨成粉末，加水调节碱浓度比为 3.0，于恒温磁力搅拌器上搅拌均匀，将提取液置于反应釜中于恒温箱中 70℃下陈化 16h，分别于 95℃、100℃、110℃、120℃下晶化 6h，冷却后洗涤到中性，经干燥得到 X 型沸石。合成沸石的 XRD 图谱、SEM 图如图 3-90、图 3-91 所示。

由图 3-90 可知：在晶化温度为 90℃时，形成的 X 型沸石特征峰极小，且峰杂乱，说明该温度下合成的沸石杂质多；100℃时合成沸石的衍射峰锋型尖锐狭窄，强度高，杂峰少，结晶度高；随着晶化温度的升高，合成的 X 型沸石衍射峰强度逐渐降低。对比图 3-91 合成沸石形貌，90℃时合成的沸石杂质多，晶形不完整，100℃时沸石杂质少，晶形单一，大小均匀，表面光滑，结晶度高；110～120℃时，虽然合成的 X 沸石晶形完整，棱角分明，但有不同大小程度的团簇现象。这可能是因为晶化温度升高加快化学反应速率，提高了凝胶中铝离子和硅铝酸跟离子的反应速率，促进凝胶快速溶解，并加快了晶核的成核与晶体的成长速率，形成不同结构的沸石，当晶化温度过高时，会使晶体直径增大，会出现粘黏现象或发生转晶行为。因此，由 XRD 和 SEM 图分析确定最佳的晶化温度是 100℃。

（6）晶化时间对 X 型沸石的影响

合成沸石的 XRD 图谱、SEM 图如图 3-92、图 3-93 所示。

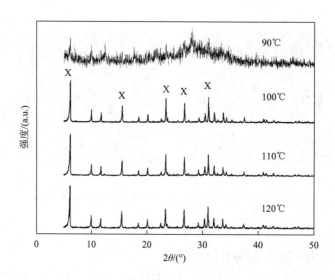

图 3-90　不同晶化温度合成 X 型沸石吸附剂的 XRD 图

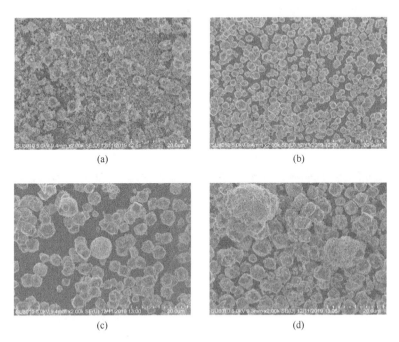

图 3-91　不同晶化温度合成 X 型沸石吸附剂的 SEM 图

（a）90℃；（b）100℃；（c）110℃；（d）120℃

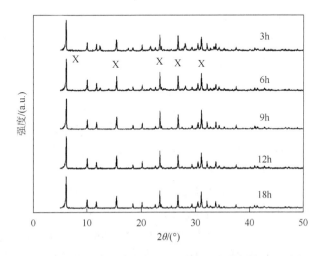

图 3-92　不同晶化时间合成 X 型沸石吸附剂的 XRD 图

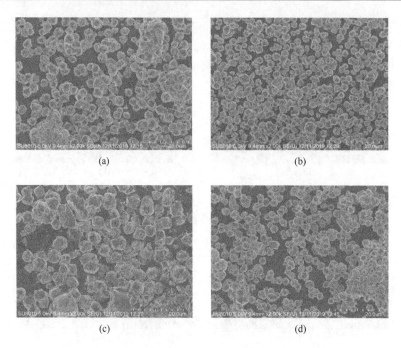

图 3-93　不同晶化时间合成 X 型沸石吸附剂的 SEM 图
(a) 6h; (b) 9h; (c) 12h; (d) 18h

取适量的煤矸石粉末于坩埚中,在 800℃的马弗炉中活化 2h,取 2g 活化样与 2.4g NaOH 调节碱灰比为 1.2,充分研磨混合,置于 850℃的马弗炉中焙烧 1h,冷却研磨成粉末,加水调节碱浓度比为 3.0,于恒温磁力搅拌器上搅拌均匀,将提取液置于反应釜中于恒温箱中 70℃下陈化 16h,100℃下分别晶化 3h、6h、9h、12h、18h,冷却后洗涤到中性,经干燥得到 X 型沸石。

由图 3-92 可知,随着晶化时间的增加,X 型特征衍射峰强度呈先增加后降低的趋势。在晶化时间为 3h 杂峰较多,衍射峰小,说明杂质较多;6～9h 衍射峰强度逐渐加强,锋狭窄且尖锐,说明该晶化时间段的沸石晶形逐渐完整,结晶度提高,反应体系主要以晶体生长为主;12～18h 特征衍射峰强度又逐渐降低,说明该晶化时间段沸石的结晶度下降。对比图 3-93 中的不同晶化时间的 X 型沸石形貌,6h 合成的沸石中有大块的团簇生成,9h 合成的沸石颗粒大小均一,形貌好;12～18h 合成的沸石中有少量的杂质和大小不均匀的团簇。这可能是因为随着晶化时间延长,晶核凝聚时间长,形成的晶粒晶形完整,结晶度高,而晶化时间太长,导致晶粒发生转晶或聚集出现团簇现象。由以上分析可知,最佳的晶化时间为 9h。

2. 煤矸石及 X 型沸石吸附剂的表征分析

优化合成 X 型沸石吸附剂的影响条件,从而确定最佳合成沸石条件,即取适量的煤矸石粉末于坩埚中,于 800℃的马弗炉中活化 2h,取 2g 的活化样与 2.4g 的 NaOH 固体调节至碱灰比为 1.2,充分研磨混合,置于 850℃的马弗炉中焙烧 1h,冷却研磨成粉末,加水调节碱浓度比为 3.0,于恒温磁力搅拌器上搅拌均匀,将提取液置于反应釜中于恒温箱中 70℃下陈化 16h,100℃下晶化 9h,冷却后洗涤到中性,经干燥得到 X 型沸石。将煤矸石及 X 沸石吸附剂进行 X 射线衍射光谱、形貌、红外及能谱分析表征。

(1) 煤矸石及 X 型沸石吸附剂的 XRD 分析

煤矸石及 X 型沸石吸附剂的 XRD 图见图 3-94。

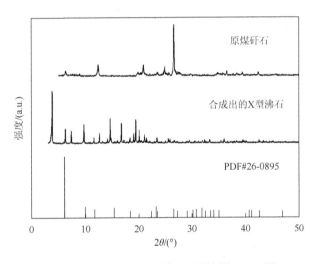

图 3-94 煤矸石及 X 型沸石吸附剂的 XRD 图

由图 3-94 可知,煤矸石样品在 2θ 为 27°左右有尖锐的石英峰出现;当煤矸石合成型沸石后,石英峰消失,且在 2θ 为 5.9°、10°、15.4°、23.5°、31°等处均有 X 型沸石的特征衍射峰出现,峰型尖锐,强度大。合成的沸石与标准 PDF 卡 26-0895 匹配度高,因此 X 型沸石的结晶度较高。

（2）煤矸石及 X 型沸石吸附剂的 SEM 分析

煤矸石及 X 型沸石吸附剂的 SEM 图见图 3-95。

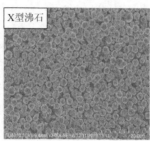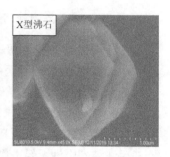

图 3-95　煤矸石及 X 型沸石吸附剂的 SEM 图

由图 3-95 可知，煤矸石样品中的颗粒不规则，大小不均匀；而合成的 X 型沸石呈八面体结构，表面光滑、颗粒分明、大小均一、杂质少，结晶度高。

（3）合成 X 型沸石吸附剂的 FT-IR 分析

煤矸石和合成的 X 型沸石吸附剂的 FT-IR 图见图 3-96。

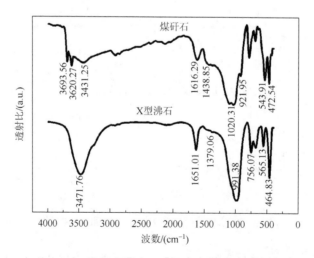

图 3-96　煤矸石及 X 型沸石吸附剂的 FT-IR 图

由图 3-96 可知：在煤矸石样品中，3693.56cm^{-1} 和 3620.27cm^{-1} 处出现了 O—H 的吸收峰，3431.25cm^{-1} 处出现锋型较宽的 H_2O 的吸收峰，1616.29～1438.85cm^{-1}

处又出现锋型尖锐的 H_2O 的振动峰，1020.31~921.95cm^{-1} 处有 Si—O—Si 吸收峰，543.91cm^{-1}、472.54cm^{-1} 处均为 Si—O—Al 的振动峰出现（李成，2017）。合成的 X 型沸石中，O—H 吸收峰消失，其他峰相继出现蓝移，并在 756.07cm^{-1} 出现新的吸收峰，说明有对称性振动吸收峰和次级结构单元吸收峰的产生（刘书林，2018）。综上可知，有沸石的生成。

（4）合成 X 型沸石吸附剂的能谱分析

合成的 X 型沸石吸附剂的 SEM 图见图 3-97。

由图 3-97 可以看出合成的沸石棱角分明，对其进行能谱分析，得到合成沸石主要元素百分比为：C∶O∶Na∶Al∶Si = 32.7∶45.7∶6.4∶6.9∶8.3。

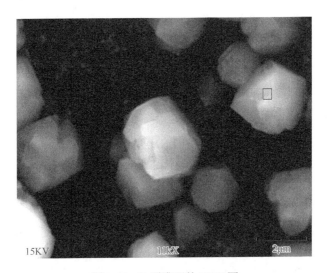

图 3-97　X 型沸石的 SME 图

3. 本节小结

（1）以呼伦贝尔地区煤矸石为原料，在不添加硅源和铝源的条件下，通过控制变量法对合成沸石的影响因素即焙烧温度、碱灰比、碱浓度比、陈化时间、晶化温度、晶化时间进行优化。结果表明：在焙烧温度为 850℃、碱灰比为 1.2、碱浓度比为 3.0、陈化时间 16h、晶化温度 100℃、晶化时间 9h 的情况下，合成的 X 型沸石颗粒大小均匀、晶形完整、棱角分明、结晶度高。

（2）将 X 型沸石进行 XRD、SEM、IR 分析表明：在最佳合成条件下制备的沸石表面光滑、结构完整、晶形单一、杂质少，呈正八面体结构。

3.3　煤矸石合成 LSX 型沸石及其表征

3.3.1　煤矸石的表征分析

1. 成分分析

将采集的煤矸石样品经过粉磨、过筛处理后对其成分含量进行测定，其主要成分含量见表 3-7。

表 3-7　煤矸石样品主要成分含量

成分	SiO_2	Al_2O_3	Fe_2O_3	K_2O	Na_2O	LOS	其他
含量/%	34.76	32.30	0.69	0.2	0.57	30.68	0.8

从表 3-7 中可以得到 SiO_2 和 Al_2O_3 的含量占总含量的 67.06%，且所含硅与铝的物质的量之比约为 0.92，接近于 LSX 型沸石的硅铝比范围（1.0～1.1）。为合成 LSX 型沸石提供了理论依据，可添加适量硅源进行合成。

2. XRD 分析

煤矸石样品的 XRD 图如图 3-98 所示。从 XRD 图中可以看出，在 2θ 为 12.31°、20.25°、24.86°等处出现衍射峰强度较大的高岭石特征峰，在 2θ 为 20.36°、38.78°处出现了少量珍珠石的特征峰，乌海地区煤矸石主要是高岭石和少量珍珠石组成的。

3. SEM 分析

煤矸石样品 SEM 图如图 3-99 所示。从 SEM 图中可以看出煤矸石原样为表面粗糙，形状不规则的块状物质。

4. TG-DTA 分析

在 N_2 气氛下，气速 100mL/min，升温速率 10℃/min，终温 1000℃的条件下测定的煤矸石的差热热重分析图见图 3-100。从图中可以看出在 150℃之前，

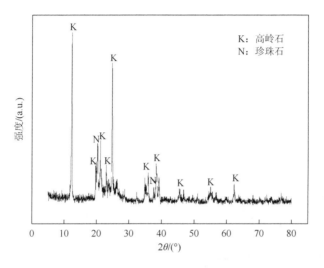

图 3-98　煤矸石样品的 XRD 图

图 3-99　煤矸石样品的 SEM 图

400~600℃之间和 850~950℃之间有三个吸热峰，前一个吸热峰是煤矸石中的游离水被脱去所致，第二个吸热峰是由于煤矸石中的结晶水与炭燃烧所致，第三个吸热峰是煤矸石的结构被破坏所导致的，从 TG 图可以看出从 600℃开始，曲线基本趋于平缓，所以煤矸石的焙烧温度确定在 600~850℃之间。

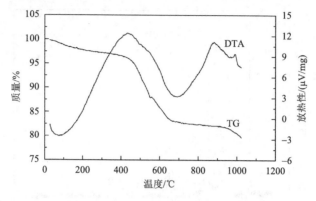

图 3-100　煤矸石样品的 TG-DTA 图

3.3.2　煤矸石合成 LSX 型沸石条件的优化

1. LSX 型沸石的合成

将粉磨过筛处理过的煤矸石置于马弗炉中焙烧一定时间，称取一定量焙烧后的煤矸石粉末，按照一定配比添加二氧化硅、氢氧化钠、氢氧化钾、水，于恒温磁力搅拌器上搅拌均匀，将母液倒入高压反应釜中先低温陈化，后高温晶化，反应结束后将其冷却至室温，用蒸馏水洗涤至弱碱性，干燥，即得合成产物。

2. 焙烧温度对沸石合成的影响

取适量煤矸石，分别在 600℃、650℃、700℃、750℃、800℃焙烧 2h，称取不同温度焙烧后的煤矸石各 3g，按照 $n(Si)/n(Al) = 1$、$n(Na_2O + K_2O)/n(SiO_2) = 3.75$、$n(Na)/n(NaK) = 0.77$、$n(H_2O)/n(Na_2O + K_2O) = 18$ 的配比称量药品，将混合物置于恒温磁力搅拌器上混合均匀，将母液倒入反应釜中先于 70℃下低温陈化 24h，后于 100℃下高温晶化 4h，合成产物的 XRD 和 SEM 图如图 3-101 和图 3-102 所示。从 XRD 图中可以看出，不同温度焙烧下合成的沸石均出现了较为尖锐的 X 型沸石特性峰，600℃、650℃、700℃的焙烧温度下合成沸石的特征峰强度不断增强，700℃、750℃、800℃的焙烧温度下合成沸石的特征峰强度变化不大。对比图 3-102 中沸石的形貌，可以看出均合成出 LSX 型沸石且杂质较少，700℃的焙烧温度下合成沸石的大小更均匀，说明焙烧温度对沸石合成的影响较小，所以将 700℃确定为最佳焙烧温度。

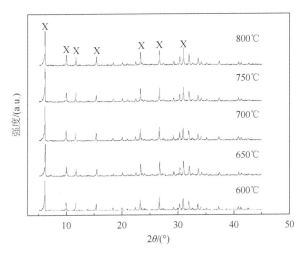

图 3-101　不同焙烧温度合成的 LSX 型沸石的 XRD 图谱

图 3-102　不同焙烧温度合成的 LSX 型沸石的 SEM 图谱
（a）650℃；（b）700℃；（c）750℃；（d）850℃

3. 焙烧时间对沸石合成的影响

称取适量煤矸石于 700℃下进行焙烧，焙烧时间分别为 1h、2h、3h、4h，将焙烧后的煤矸石分别称取 3g，其余因素按照 3.2.2 中配比进行称量、合成，其产物的 XRD 和 SEM 图如图 3-103 和图 3-104 所示。

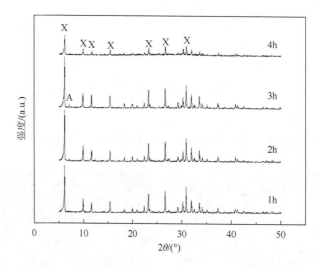

图 3-103　不同焙烧时间合成的 LSX 型沸石的 XRD 图谱

从 XRD 图中可以看出焙烧时间在 1h、2h 和 3h 时 X 型沸石的特征峰强度较大，焙烧时间为 3h 时出现了 A 型沸石的特征峰，4h 时特征峰强度明显减弱，原因是焙烧时间过长，煤矸石中的硅铝氧化物成分被破坏，致使沸石的结晶度减弱。从 SEM 图中可以看出焙烧时间为 1h 和 2h 时的沸石形貌较好，后者的

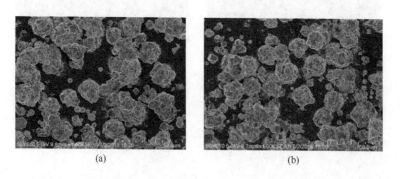

(a)　　　　　　　　　　　　(b)

(c)　　　　　　　　　　　　　　(d)

图 3-104　不同焙烧时间合成的 LSX 型沸石的 SEM 图谱
(a) 1h；(b) 2h；(c) 3h；(d) 4h

颗粒大小较前者更均一，焙烧时间为 3h 时合成的沸石中出现了形貌为立方体结构的 A 型沸石，焙烧时间为 4h 时合成沸石的结晶度较差，晶形不完整，结果与 XRD 分析吻合，所以将 2h 确定为最佳焙烧时间。

4. $n(Si)/n(Al)$ 对沸石合成的影响

取适量煤矸石于 700℃下焙烧 2h，调节 $n(Si)/n(Al)$ 分别为 0.9、1.0、1.1、1.2、1.3、1.4，其余因素配比按 3.2.2 中所述，进行称量、合成。合成产物的 XRD 图和 SEM 图如图 3-105 和图 3-106 所示。从图 3-105 中可以看出 $n(Si)/n(Al)$ 在 0.9~1.4 的范围内均合成出了 LSX 型沸石，随着硅铝比的升高，X 型沸石的特征峰强度无明显变化，在 $n(Si)/n(Al) = 1.4$ 时特征峰强度略有降低，对比图 3-106 中 $n(Si)/n(Al)$ 在 1.0~1.3 之间合成产物的 SEM 形貌图，可以看出基本都合成 LSX 型沸石的晶形，$n(Si)/n(Al) = 1.0$ 时合成沸石有粘连现象，$n(Si)/n(Al) = 1.1$ 时合成沸石的颗粒大小均匀，棱角分明，$n(Si)/n(Al) = 1.2$ 时沸石的晶形表面不完整，当 $n(Si)/n(Al)$ 增大到 1.3 时，合成沸石的表面出现熔融状态，原因是当硅铝比增大时，会发生转晶向其他类型沸石生长，所以将硅铝比为 1.1 确定为最佳硅铝比。

5. $n(Na_2O + K_2O)/n(SiO_2)$ 对沸石合成的影响

分别称取 3g 于 700℃下焙烧 2h 的煤矸石，按照 $n(Si)/n(Al) = 1.1$ 添加二氧化硅，调节 $n(Na_2O + K_2O)/n(SiO_2)$ 分别为 3.0、3.25、3.5、3.75、4.0、4.25，其余因素按照 3.2.2 中配比进行称量、合成。合成产物的 XRD 图和 SEM 图如图 3-107 和图 3-108 所示。

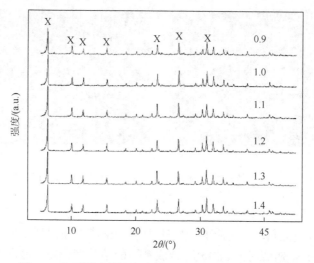

图 3-105　不同硅铝比合成的 LSX 型沸石的 XRD 图谱

图 3-106　不同硅铝比合成的 LSX 型沸石的 SEM 图谱
(a) 1.0；(b) 1.1；(c) 1.2；(d) 1.3

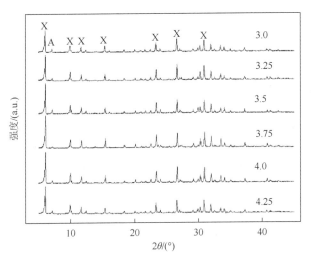

图 3-107　不同碱硅比合成的 LSX 型沸石的 XRD 图谱

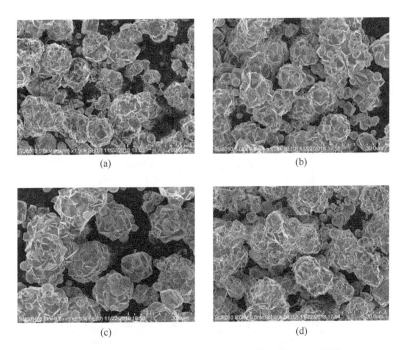

图 3-108　不同碱硅比合成的 LSX 型沸石的 SEM 图谱
（a）3.25；（b）3.5；（c）3.7；（d）4.0

从图 3-107 中可以看出在 $n(Na_2O + K_2O)/n(SiO_2)$ 为 3.0~4.25 之间均有峰型尖锐的 X 型沸石特征峰出现，其中 $n(Na_2O + K_2O)/n(SiO_2)$ 为 3.5、3.75 和 4.0 时特征峰合成产物中均出现了 A 型沸石的特征峰，在 $n(Na_2O + K_2O)/n(SiO_2) = 3.75$ 时 A 型沸石的特征峰最弱，对比合成产物的 SEM 图可以看到 $n(Na_2O + K_2O)/n(SiO_2) = 3.25$ 时沸石的棱角不分明，在 $n(Na_2O + K_2O)/n(SiO_2) = 3.5$ 时可以看到图中有许多立方体结构的 A 型沸石，因为碱含量的大小决定了体系中碱的浓度，碱浓度的不同会影响沸石的生长方向，$n(Na_2O + K_2O)/n(SiO_2) = 3.75$ 比 $n(Na_2O + K_2O)/n(SiO_2) = 4.0$ 合成沸石的形貌大小更均一、棱角较分明。所以确定 3.75 为最佳碱硅比。

6. $n(Na)/n(NaK)$ 对沸石合成的影响

分别称取 3g 于 700℃下焙烧 2h 的煤矸石，按照 $n(Si)/n(Al) = 1.1$，$n(Na_2O + K_2O)/n(SiO_2) = 3.75$，调节 $n(Na)/n(NaK)$ 分别为 0.75、0.77、0.79、0.81、0.83，其余因素配比按照 3.2.2 中进行称量，将混合物置于恒温磁力搅拌器上混合均匀，将母液倒入反应釜中先于 70℃下低温陈化 24h，后于 100℃下高温晶化 4h，洗涤、干燥。合成产物的 XRD 和 SEM 图如图 3-109 和图 3-110 所示。

从图 3-109 中可以看出钠钾比为 0.75、0.81、0.83 时均出现了强度较大的

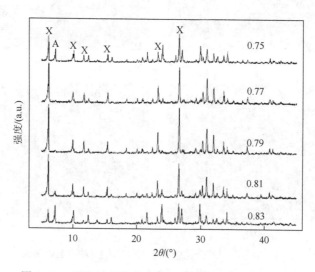

图 3-109　不同钠钾比合成的 LSX 型沸石的 XRD 图谱

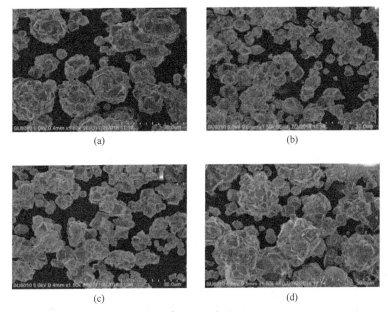

图 3-110　不同钠钾比合成的 LSX 型沸石的 SEM 图谱
(a) 0.75；(b) 0.77；(c) 0.79；(d) 0.81

A 型沸石特征峰 X 型沸石特征峰在钠钾比为 0.79 时最强。LSX 型沸石一般于钠钾体系中合成，K^+可以进入到晶体骨架中，通过破坏原有的结构，从而增加骨架框架。K^+的有效正电荷数比 Na^+的少，K^+的含量影响合成晶体的类型与晶体成核的速率以及陈化晶化时间（Bao T et al.，2016）。当 $n(Na)/n(NaK)$ 过高时，体系中的 K^+含量降低，使得晶体中的骨架结构变小，易形成 A 型沸石的骨架结构。从图 3-110 可以看出钠钾比为 0.75 和 0.81 时，均有 A 型沸石出现，钠钾比为 0.79 时合成沸石的形貌晶形较完整，所以将 0.79 确定为最佳钠钾比。

7. $n(H_2O)/n(Na_2O + K_2O)$对沸石合成的影响

分别称取 3g 于 700℃下焙烧 2h 的煤矸石，按照硅铝比为 1.1、碱硅比为 3.75、钠钾比为 0.79、调节水碱比分别为 16、18、20、22、24，进行称量，将混合物置于恒温磁力搅拌器上混合均匀，将母液倒入反应釜中先于 70℃下低温陈化 24h，后于 100℃下高温晶化 4h，洗涤、干燥。合成产物的 XRD 和 SEM 图如图 3-111 和图 3-112 所示。从 XRD 图中可以看 $n(H_2O)/n(Na_2O + K_2O) = 20$ 时 X 型沸石的特征峰强度最大，$n(H_2O)/n(Na_2O + K_2O)$为 16、24 时均出现了 A 型

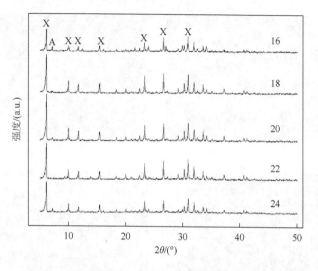

图 3-111　不同水碱比合成的 LSX 型沸石的 XRD 图谱

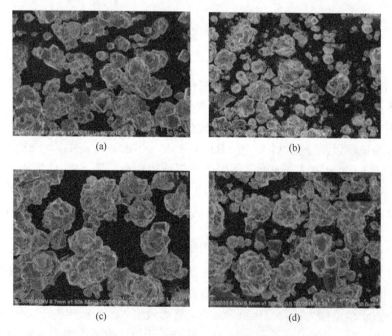

图 3-112　不同水碱比合成的 LSX 型沸石的 SEM 图谱
（a）16；（b）18；（c）20；（d）22

沸石的特征峰是由于体系中水的含量会对沸石形成的多孔型骨架结构产生一定影响。$n(H_2O)/n(Na_2O + K_2O)$决定了体系中 OH⁻的含量，影响硅酸根离子的聚合度和晶体的生长。碱度较高时，液体较黏稠会导致搅拌不均匀从而影响晶体的结晶度（戎娟，2007）。

从 SEM 图中可以看出，当 OH⁻浓度逐渐减小时，体系中的碱度降低，硅酸根离子的溶出速率发生变化，使得晶体在一定碱度范围内生长较好，当碱度过低时影响了硅酸根的溶出速率，晶形的生长也随之发生变化，出现少量 A 型沸石。对比 SEM 图的形貌分析可以看出，水碱比为 16 时，由于碱浓度过大、黏稠影响了沸石的结晶度；水碱比在 18、20、22 时结晶度均较好，其中水碱比为 20 时合成沸石的颗粒大小更均匀且棱角分明，分析结果与 XRD 结果吻合，所以将水碱比为 20 确定为最佳水碱比。

8. 陈化温度对沸石合成的影响

称取适量煤矸石于马弗炉中在 700℃下焙烧 2h，将焙烧后的煤矸石分别称取 3g，按照 $n(Si)/n(Al) = 1.1$、$n(Na_2O + K_2O)/n(SiO_2) = 3.75$、$n(Na)/n(NaK) = 0.79$、$n(H_2O)/n(Na_2O + K_2O) = 20$ 进行称量、合成，将混合物置于恒温磁力搅拌器上混合均匀，将母液倒入反应釜中分别于 40℃、50℃、60℃、70℃、80℃下低温陈化 30h，后于 100℃下高温晶化 4h，洗涤、干燥。合成产物的 XRD 和 SEM 图如图 3-113 和图 3-114 所示。

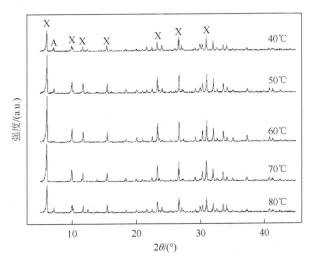

图 3-113 不同陈化温度合成的 LSX 型沸石的 XRD 图谱

图 3-114　不同陈化温度合成的 LSX 型沸石的 SEM 图谱
（a）40℃；（b）50℃；（c）60℃；（d）70℃

从图 3-113 中可以看出，陈化温度为 40℃、50℃、80℃时均出现了 A 型沸石的特征峰，60℃时 X 型沸石的特征峰强度较大，主要原因在于适当的升高温度，可在一定程度上加快成核速度与晶体生长速度，但如果温度过高则会使一些晶体直径变大，发生粘连现象，易发生转晶，对比图 3-114 中的形貌图中可以看出当陈化温度过低时出现了较多 A 型沸石的形貌，当陈化温度为 60℃时 LSX 型沸石的结晶度较好，将陈化温度升高至 70℃时有粘连现象产生，所以将 60℃确定为最佳陈化温度。

9. 陈化时间对沸石合成的影响

分别称取 3g 于 700℃下焙烧 2h 的煤矸石，按照 3.2.8 中所述配比进行称量，将混合物置于恒温磁力搅拌器上混合均匀，在陈化温度为 60℃下调节陈化时间分别为 6h、18h、24h、30h、36h，晶化时间与晶化温度保持不变。合成产物的 XRD 图和 SEM 图如图 3-115 和图 3-116 所示。

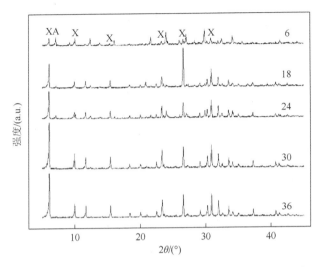

图 3-115　不同陈化时间合成的 LSX 型沸石的 XRD 图谱

图 3-116　不同陈化时间合成的 LSX 型沸石的 SEM 图谱
(a) 18；(b) 24；(c) 30；(d) 36

从图 3-115 可以看出当陈化时间较短时 X 型沸石的特征峰强度较低并伴有较多杂峰出现，随着陈化时间的增加 X 型沸石的特征峰逐渐增强，主要原因在于陈化时间较短会导致高岭土不能完全溶解而形成凝胶；随着陈化时间的不断增加，一些已经生成的晶核会发生改变，使得 LSX 沸石分子筛结晶不完全。从图 3-116 可以看出当陈化时间为 18h 时沸石结晶效果较差，随着陈化时间的不断增加，沸石合成的结晶度增强，当陈化时间为 30h 时结晶效果较好，因此将 30h 确定为最佳陈化时间。

10. 晶化温度对沸石合成的影响

分别称取 3g 于 700℃下焙烧 2h 的煤矸石，按照 3.2.8 中所述配比进行称量，将混合物置于恒温磁力搅拌器上混合均匀，将母液倒入反应釜中于 60℃下低温陈化 30h，然后分别于 80℃、90℃、100℃、110℃、120℃下晶化 4h，洗涤、干燥。合成产物的 XRD 和 SEM 图如图 3-117 和图 3-118 所示。

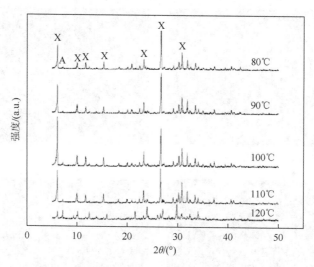

图 3-117　不同晶化温度合成的 LSX 型沸石的 XRD 图谱

从图 3-117 可以看出随着晶化温度的升高，X 型沸石的特征峰强度逐渐增大，当晶化温度为 100℃时特征峰的强度达到最大，继续升高晶化温度，X 型沸石的特征峰强度逐渐减弱且有 A 型沸石的特征峰出现。晶化温度的升高可以加快化学反应速度，并提高凝胶中硅酸根离子与铝酸根离子的聚合反应速度，从而加快凝胶的生成和溶解速度，同时也加快晶核的成核速度与晶体的生长速度，形成不同孔结构的沸石晶体，当晶化温度继续升高，会导致晶体直径变大，发生粘连现象且容易发生转晶。对比图 3-118 中的形貌图可以看出在 90℃时基本形成 LSX 型沸石，100℃时合成沸石的颗粒大小均匀，晶形比较完整，当晶化温度继续升高至 120℃时，晶体表面开始出现熔融状态。所以将 100℃确定为最佳晶化温度。

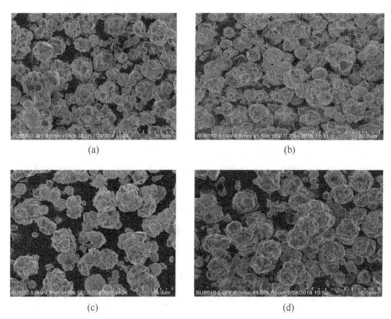

图 3-118　不同晶化温度合成的 LSX 型沸石的 SEM 图谱
(a) 90℃；(b) 100℃；(c) 110℃；(d) 120℃

11. 晶化时间对沸石合成的影响

分别称取 3g 于 700℃下焙烧 2h 的煤矸石，按照 3.2.8 中所述配比进行称量，将混合物置于恒温磁力搅拌器上混合均匀，将母液倒入反应釜中于 60℃下低温陈化 30h，后于 100℃下分别晶化 2h、3h、4h、5h，洗涤、干燥。合成产物的 XRD 图和 SEM 图如图 3-119 和图 3-120 所示。从图 3-119 中可以看出随着晶化时间的增加，LSX 型沸石的特征峰强度在逐渐增大，峰型变得更加尖锐且杂峰也逐渐减少。在陈化时间为 2h 时有 A 型沸石的特征峰的出现，A 型沸石的特征峰强度随着晶化时间的增加而逐渐减弱。随着的晶化时间的延长，晶核不断的

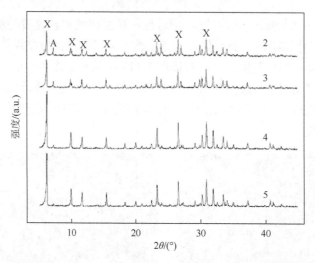

图 3-119　不同晶化时间合成的 LSX 型沸石的 XRD 图谱

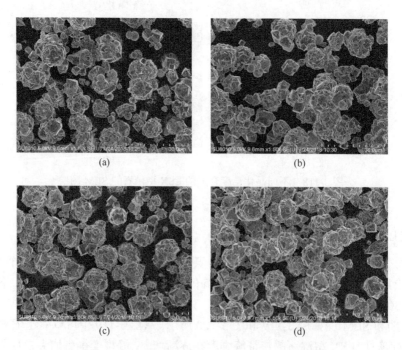

图 3-120　不同晶化时间合成的 LSX 型沸石的 SEM 图谱
(a) 2h；(b) 3h；(c) 4h；(d) 5h

增加且结晶度也不断提高,有利于生成更多的沸石晶体,继续延长晶化时间会令晶体粒度继续增大,可能出现转晶和生成不稳定晶体。

对比图 3-120 我们可以看出晶化时间为 2h 时出现了较多立方体结构的 A 型沸石,随着晶化时间的延长 A 型沸石逐渐减少,当晶化时间为 4h 时,合成沸石的颗粒大小较均一,晶形完整,所以将 4h 确定为最佳晶化时间。

3.3.3 LSX 型沸石的表征分析

1. LSX 型沸石的 XRD 分析

称取 3g 于 700℃下焙烧 2h 的煤矸石,按照硅铝比为 1.1、碱硅比为 3.75、钠钾比为 0.79、水碱比为 20,进行称量,将混合物置于恒温磁力搅拌器上混合均匀后将其母液倒入反应釜中,先在 60℃下低温陈化 30h,后在 100℃下高温晶化 4h,洗涤、干燥。煤矸石样品图和合成产物图见图 3-121。

图 3-121　煤矸石原样、LSX 型沸石图

煤矸石原样、焙烧后的煤矸石和 LSX 型沸石的 XRD 图如图 3-122 所示。煤矸石原样中主要是高岭石的特征峰,将煤矸石焙烧后,高岭石中的硅氧化合物被活化,形成了大包峰,合成的 LSX 型沸石的图谱中可以看出在 2θ 为 6.09°、9.95°、11.67°、15.42°、23.31°、26.58°处有强度较大的 X 型沸石特征峰出现,且峰型尖锐,说明合成的 LSX 型沸石结晶度较好。

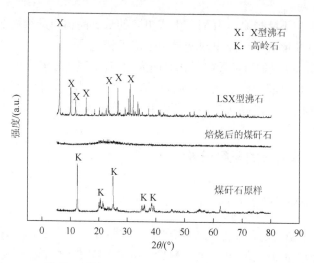

图 3-122　煤矸石原样、焙烧后的煤矸石和 LSX 型沸石的 XRD 图

2. LSX 型沸石的 SEM 分析

LSX 型沸石的 SEM 图如图 3-123 所示，从图中可以看出在最优条件下合成的 LSX 型沸石的晶形完整，棱角分明，杂质较少。

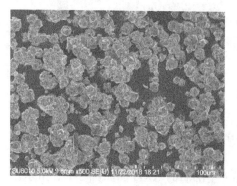
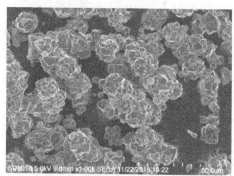

图 3-123　LSX 型沸石的 SEM 图

3. LSX 型沸石的 BET 分析

LSX 型沸石的 N_2 吸附-脱附等温线如图 3-124 所示，该等温线类似于 IUPAC 分类中的 H3，没有出现明显的饱和吸附平台。导致此类型回滞环等温线产生原

因是孔结构的不规整，LSX 型沸石分子筛是由不同 X 型沸石形成的一个团簇状球形，所以其孔道结构不是规整的，其比表面积为 400.978m^2/g。图 3-125 为 LSX 型沸石的孔径分布曲线，从图中可以看出最可几孔径为 3.828nm。表 3-8 为煤矸石原样与 LSX 型沸石的表面结构参数。从表中数据可以得知，LSX 型沸石与煤矸石原样相比较，比表面积增大了约 334 倍，孔径增大了约 10 倍。

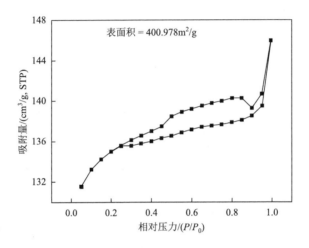

图 3-124　LSX 型沸石的 N$_2$ 吸附-脱附等温线

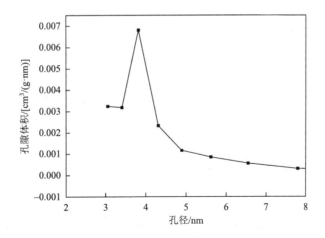

图 3-125　LSX 型沸石的孔径分布曲线

表 3-8　煤矸石原样与 LSX 型沸石的表面结构参数

样品	比表面积/(m²/g)	孔径/nm
煤矸石	1.199	0.023
LSX 型沸石	400.978	3.828

4. LSX 型沸石的 FT-IR 分析

煤矸石、经过焙烧后的煤矸石和 LSX 型沸石的红外光谱图见图 3-126。δ O—H 的特征峰一般出现在 3670～3200cm^{-1} 区域，游离的羟基出现在 3640～3610cm^{-1} 之间，峰型尖锐易识别，羟基缔合形成氢键的峰一般出现在 3550～3200cm^{-1} 之间。从图中可以看出煤矸石在 3688.74cm^{-1}、3617.86cm^{-1} 处有两个 O—H 的强吸收峰，此为游离水中的羟基，经过焙烧后游离水脱去，所以焙烧后的煤矸石和 LSX 型沸石没出现游离的羟基峰，三种物质分别在 3432.60cm^{-1}、3432.60cm^{-1}、3448.58cm^{-1} 处出现了缔合羟基的吸收峰。C—O 键伸缩振动和 O—H 面内弯曲振动在 1410～1100cm^{-1} 有强吸收峰，三种物质均在此范围内出现了强吸收峰，说明有 C—O 键和 O—H 键的存在。在 1627.89cm^{-1} 处出现的是分子筛所吸附的水羟基振动所致。焙烧后的煤矸石在 1088.08cm^{-1} 处有一个强吸收峰，是 Si—O—Si 键的反对称伸缩振动吸收峰，焙烧后的煤矸石与 LSX 型沸石在

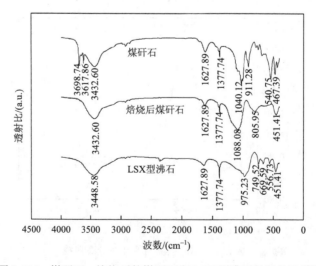

图 3-126　煤矸石、焙烧后的煤矸石和 LSX 型沸石的红外光谱图

805.95cm^{-1}、749.52cm^{-1} 处有 Si—O—Si 键的对称伸缩振动吸收峰，451.41 处的峰是 Si—O 键的弯曲振动所致。LSX 型沸石在 975.23cm^{-1} 处有 Al 取代 Si 后骨架局部不对称所导致的峰，在 556.73cm^{-1} 处有 Si—O 的双四元环振动产生的吸收峰。上述分析可知合成出沸石分子筛。

5. LSX 型沸石的 TEM 分析

LSX 型沸石的透射电镜分析图见图 3-127，从图 3-127（a）中可以看出 LSX 型沸石的分散性较好，颗粒大小均匀，从图 3-127（b）中可以看出合成的沸石具有晶体结构，晶格间距为 0.3639nm。图 3-128 是 LSX 型沸石的能谱分析图，

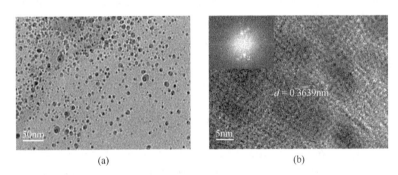

图 3-127　（a）LSX 型沸石的透射电镜分析图（b）LSX 型沸石的高分辨透射电镜分析图

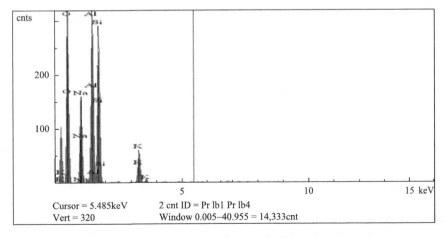

图 3-128　LSX 型沸石的能谱分析图

从图中数据可以算出 Si 和 Al 的物质的量之比约为 0.91，接近于 LSX 型沸石的硅铝比，分子式约为 $K_7Na_{47}Al_{57}Si_{52}O_{351}$。

3.3.4 本节小结

（1）乌海地区煤矸石中硅铝氧化物含量为 67.06%，硅铝物质的量之比约为 0.92，接近于 LSX 型沸石的配比。通过对合成条件的优化，确定出乌海地区煤矸石制备 LSX 型沸石的最优条件为：焙烧温度为 700℃、焙烧时间为 2h、硅铝比 1.1、碱硅比为 3.75、钠钾比为 0.79、水碱比为 20、陈化温度为 60℃、陈化时间为 30h、晶化温度为 100℃、晶化时间为 4h。在此条件下合成的 LSX 型沸石颗粒大小均匀、棱角分明、晶形完整且杂质较少。

（2）通过对煤矸石和合成沸石进行 XRD、SEM、BET、IR 和 TEM 的表征可知合成沸石的形貌完整、大小均一，比表面积为 400.978m^2/g，最可几孔径为 3.828nm，有清晰的晶格振动，晶格间距为 0.3639nm，其分子式为 $K_7Na_{47}Al_{57}Si_{52}O_{351}$。

参 考 文 献

曹德光, 苏达根, 杨占印, 等. 2004. 偏高岭石的微观结构与键合反应能力. 矿物学报, (4): 366-372
范雯阳, 李侠, 周珊, 等. 2016. 利用煤矸石合成沸石及其矿物成分的影响. 非金属矿, 1 (39): 75-78
高君安, 王伟, 张傑, 等. 2019. 用于高湿度废气中甲苯吸附净化的疏水型 ZSM-5 分子筛的合成及其吸附性能研究. 化工学报, 1-13
郜玉楠, 周历涛, 茹雅芳, 等. 2019. 壳聚糖改性 4A 沸石分子筛颗粒去除低温水中硝酸盐的机理研究. 环境科学研究, 32 (2): 523-531
郭丽, 李平, 田红丽, 等. 2016. 高硅煤矸石一步碱熔法合成 4A 分子筛研究. 应用化工, 45 (9): 1726-1728
郝喜红, 姚燕燕, 赵鹏, 等. 2004. 粉煤灰制备 P 型分子筛工艺研究. 化工矿物与加工, (9): 12-13 + 31.
郝志飞, 张印民, 张永锋. 2016. 准格尔地区煤矸石的矿物学分析和热活化研究. 硅酸盐通报, 35 (4): 1198-1203
亢玉红, 马静红, 薛招腾, 等. 2016. 多级孔 LTA 型沸石分子筛的合成、表征及其性能研究. 人工晶体学报, (4): 1064-1069
孔德顺, 艾德春, 李志, 等. 2011. 煤系高岭土碱熔-水热晶化合成 4A 沸石分子筛. 硅酸盐通报, 30 (2): 336-340
孔德顺, 李琳, 范佳鑫, 等. 2013. 高铁高硅煤矸石制备 P 型分子筛. 硅酸盐通报, 32 (6): 1052-1056
孔德顺, 李志, 李琳, 等. 2013. 煤系高岭土合成 NaP 分子筛的 XRD 分析及表征. 人工晶体学报, 42 (4): 772-777
李成, 魏江波. 2017. 高效反渗透技术在煤化工废水零排放中的应用. 煤炭加工与综合利用, 6: 26-31
李海杰. 2018. 反渗透技术在电厂水处理的应用分析. 科学与财富, 23: 49
刘时林, 卢春兰, 郭明聪, 等. 2018. X 射线衍射技术在炭材料研究中的应用. 炭素, 3: 21-26
刘锡贝, 赵江勇, 马辉, 等. 2018. 扫描电镜在进镜矿物鉴别中的应用. 电子显微学报, 37 (2): 190-194

戎娟. 2007. 导向剂法合成低硅铝比 X 型分子筛及其应用研究. 大连: 大连理工大学

申云霞, 赵艳丽, 张霁, 等. 2015. 红外光谱在中药质量研究中的应用. 世界科学技术-中医药现代化, 17 (3): 664-669

苏敏. 2014. 反渗透技术应用探究. 中国高新技术企业, 24: 3

王琪, 李建涛, 于雪妮. 2018. 差热/热重分析法鉴别不同的海参. 中国海洋药物, 37 (6): 54-58

邬忠琴, 郑安民, 杨俊, 等. 2007. NMR 探针分子表征分子筛酸性的理论研究. 波谱学杂志, (4): 501-509

夏彬. 2018. 鄂尔多斯地区煤矸石合成 A 型沸石吸附剂及其对 Pb^{2+}、Cd^{2+} 的吸附性能研究. 呼和浩特: 内蒙古师范大学

杨秀雅. 1994. 中国黏土矿物. 北京: 地质出版社

赵秀芳. 2005. 13X 分子筛的工艺研究. 长沙: 中南大学

Bao T, Chen T H, Wille M L, et al. 2016. Synthesis, application and evaluation of non-sintered zeolite porous filter (ZPF) as novel filter media in biological aerated filters (BAFs). Journal of Environmental Chemical Engineering, 4: 3374-3384

Guo Y, Yan K, Cui L, et al. 2016. Improved extraction of alumina from coal gangue by surface mechanically grinding modification. Powder Technology, 302: 33-41

Hubadillah S K, Othman M H D, Harun Z, et al. 2017. A novel green ceramic hollow fiber membrane (CHFM) derived from rice husk ash as combined adsorbent-separator for efficient heavy metals removal. Ceramics International, 43 (5): 4716-4720

Kalakonnavar S, Gopalu K, Sudesh Y, et al. 2018. Al-Ti_2O_6 a mixed metal oxide based composite membrane: A unique membrane for removal of heavy metals. Chemical Engineering Journal, 348: 678-684

Yi S W, Tao D, He J, et al. 2018. Synthesis characterization and CO_2 adsorption of NaA, NaX and NaZSM-5 from rice husk ash. Solid State Sciences, (86): 24-30

第 4 章

煤矸石合成沸石的吸附性能及机理探讨

4.1　A 型沸石的吸附性能及机理探讨

4.1.1　鄂尔多斯煤矸石制备 A 型沸石对含铅、镉废水的吸附

1. 引言

重金属污染是当今世界三大水环境污染方式之一（王韬等，2008）。重金属离子不仅会对水中的生物造成伤害，而且还会通过食物链的富集作用间接危害人类的生命健康，因而如何高效地从工业废水中提取和再生利用这些废弃的重金属离子已成为亟待解决的环境热点问题。吸附分离法被认为是从废水中提取重金属离子的最有效的方法之一。因此本节以 A 型沸石为吸附剂，选用 Pb^{2+}、Cd^{2+} 作为研究对象，探究了 A 型沸石对 Pb^{2+}、Cd^{2+} 的吸附性能。

2. 实验方法

准确称取一定量 A 型沸石吸附剂，分别加入一系列一定浓度的铅、镉溶液中，置于恒温振荡箱中振荡吸附一定时间后，过滤，取上清液并用 ICPQ 测定滤液中铅、镉离子浓度，分别计算 A 型沸石吸附剂对 Pb^{2+}、Cd^{2+} 的去除率（K，%）及吸附量（q_e，mg/g）。合成沸石对铅、镉离子的吸附量、去除率计算公式见下式：

$$q_e = \frac{(c_0 - c) \times V}{m} \tag{4.1}$$

$$K = \frac{c_0 - c}{c_0} \times 100\% \tag{4.2}$$

式中，c_0 为初始废水中铅、镉离子质量浓度，mg/L；c 为吸附后废水中铅、镉离子质量浓度，mg/L；m 为吸附剂投加量，g；V 为铅、镉废水溶液的体积，L。

3. 吸附实验研究

(1) 沸石投加量对铅、镉吸附的影响

取 50mL 浓度为 100mg/L 的 Pb^{2+}、Cd^{2+} 溶液 50mL 加入具塞锥形瓶中，分别加入 0.05g、0.1g、0.15g、0.2g、0.3g A 型沸石吸附剂，在恒温振荡器中振荡 180min，吸附结束后取出离心、过滤，取上清液测定离子浓度。

(2) 铅、镉溶液初始浓度对吸附的影响

取 50mL 浓度为 50mg/L、100mg/L、200mg/L、300mg/L、400mg/L 的 Pb^{2+}、Cd^{2+} 溶液加入具塞锥形瓶中分别加入 0.15g A 型沸石吸附剂，在恒温振荡器中振荡 180min，吸附结束后取出离心、过滤，取上清液测定离子浓度。

(3) 溶液初始 pH 对铅、镉吸附的影响

在每个具塞锥形瓶中分别加入 50mL 浓度为 100mg/L 的 Pb^{2+}、Cd^{2+} 溶液，用 0.1mol/L 的硝酸溶液和 0.1mol/L 的氢氧化钠溶液调节重金属溶液的初始 pH 分别为 1、2、3、4、5、6，向溶液中加入 0.15g A 型沸石吸附剂。在恒温振荡器中振荡 180min，吸附结束后离心、过滤，取上清液测定离子浓度。

(4) 振荡频率对铅、镉吸附的影响

取 50mL 浓度为 100mg/L 的 Pb^{2+}、Cd^{2+} 溶液加入具塞锥形瓶中，调节 Pb^{2+} 溶液 pH 为 4，分别加入 0.15g A 型沸石吸附剂，在恒温振荡器中调节振荡频率为 140r/min、160r/min、180r/min、200r/min、220r/min 分别振荡 180min，吸附结束后取出离心、过滤，取上清液测定离子浓度。

(5) 吸附动力学实验

取 50mL 浓度为 100mg/L 的 Pb^{2+}、Cd^{2+} 溶液加入具塞锥形瓶中，调节 Pb^{2+} 溶液 pH 为 4，加入 0.15g A 型沸石吸附剂，以振荡频率 200r/min 在恒温振荡器中振荡 0min、3min、5min、8min、10min、15min、30min、45min、60min、90min、120min、150min、180min，吸附结束后取出离心、过滤，取上清液测定离子浓度。

(6) 等温吸附实验

取 50mL 浓度为 50mg/L、100mg/L、200mg/L、300mg/L、400mg/L 的 Pb^{2+}、Cd^{2+} 溶液加入具塞锥形瓶中，调节 Pb^{2+} 离子溶液 pH 为 4，加入 0.15g A 型沸石

吸附剂,以振荡频率 200r/min 在恒温振荡器中振荡 60min,吸附结束后取出离心、过滤,取上清液测定离子浓度。

(7) 煤矸石与 A 型沸石的吸附性能比较

取 50mL 浓度为 100mg/L 的 Pb^{2+}、Cd^{2+} 溶液加入具塞锥形瓶中,调节 Pb^{2+} 溶液 pH 为 4,分别加入 0.15g A 型沸石和煤矸石,以振荡频率 200r/min 在恒温振荡器中振荡 60min,吸附结束后取出离心、过滤,取上清液测定离子浓度。

4. 实验结果与讨论

(1) 沸石投加量对铅、镉吸附的影响

实验结果如图 4-1 所示。随着沸石投加量的增加,A 型沸石对 Pb^{2+}、Cd^{2+} 的去除率均增加,而吸附量的变化与之相反。这是由于增加的吸附剂用量,即增大了 A 型沸石吸附剂的表面积和可供吸附的活性位点。当沸石投加量为 0.15g 时,A 型沸石吸附剂对 Pb^{2+}、Cd^{2+} 的去除率和吸附量分别是 98.56%、97.33%和 32.85mg/g、32.44mg/g。而当沸石投加量超过 0.15g 时,A 型沸石对 Pb^{2+}、Cd^{2+} 的去除率的增幅明显减缓是因为绝大多数的 Pb^{2+}、Cd^{2+} 都已与吸附位点作用,吸附趋于平衡,增加吸附剂用量没有意义。因此考虑到吸附效果和经济成本两方面的因素,确定本实验的最佳沸石投加量为 0.15g。

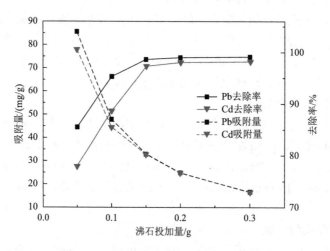

图 4-1　沸石投加量对铅、镉吸附的影响

（2）溶液初始浓度对铅、镉吸附的影响

实验结果如图 4-2 所示。由图 4-2 可知，A 型沸石对 Pb^{2+}、Cd^{2+} 的吸附量随着溶液初始浓度的增加而有不同程度的增加，去除率均减小。当初始浓度由 50mg/L 增加到 200mg/L 时，A 型沸石对 Pb^{2+}、Cd^{2+} 的吸附量均显著增加，这是因为在低初始浓度时，溶质与吸附剂表面积的比值较低，随着溶液浓度的增加，溶液和吸附剂表面结合位点的浓度之差增大，产生更大的吸附推动力，使得吸附剂的单位吸附量增加。当溶液初始浓度大于 200mg/L 时增幅大大降低是因为沸石对重金属的吸附逐渐趋于饱和，吸附量增幅减小，对应的去除率减少。

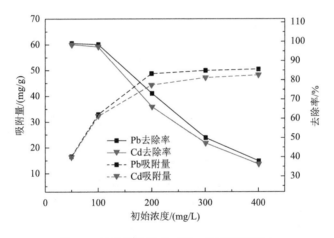

图 4-2　溶液初始浓度对铅、镉吸附的影响

（3）溶液初始 pH 对铅、镉吸附的影响

在吸附过程中，溶液的初始 pH 是一项非常重要的控制参数。pH 的大小可影响溶液中金属离子的电离程度及吸附剂的表面性质。一般来说，随着 pH 的升高，金属离子的去除率会增加。但在较高 pH 的溶液中，金属配合物的溶解度降低从而产生沉淀，使吸附过程复杂化（Elliott et al.，1981）。表 4-1 为金属离子在测试浓度下的 pH 及产生沉淀的 pH，为了区分沸石对金属的吸附效应和金属离子本身的沉淀效应，本实验研究了 pH 在 1~6 变化时，A 型沸石对 Pb^{2+}、Cd^{2+} 吸附量的变化，实验结果如图 4-3 所示。

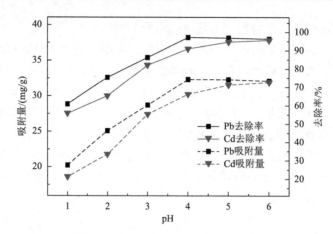

图 4-3　溶液初始 pH 对铅、镉吸附的影响

表 4-1　金属离子在测试浓度下的 pH 及产生沉淀的 pH

初始浓度	金属离子	初始 pH	沉淀 pH
100mg/L	Pb^{2+}	5.72	6.67
	Cd^{2+}	6.28	7.35

由图 4-3 可知，溶液酸度的变化对 Pb^{2+}、Cd^{2+} 的吸附影响略有不同。pH 由 1 增加至 4 时，A 型沸石吸附剂对 Pb^{2+} 的去除率和吸附量不断增加，pH 大于 4 时，吸附剂对 Pb^{2+} 的去除率和吸附量趋于平衡，而 A 型沸石对 Cd^{2+} 的去除率和吸附量随着溶液 pH 的增加而增加。出现此现象一方面是因为当溶液 pH 较低时，溶液中存在大量的 H^+，沸石吸附剂对 H^+ 的选择性较强，再加上 H^+ 的半径比金属离子半径小，H^+ 就会与金属离子形成竞争吸附关系，随着 pH 的升高，溶液中 H^+ 减少，金属离子的吸附量增加；另一方面沸石表面羟基基团解离从而使颗粒表面部分带负电荷，与金属离子发生阳离子吸附作用而使金属离子的吸附量增加。结合表 4-1 金属离子在测试浓度下的 pH 及产生沉淀的 pH，确定后续试验含 Pb^{2+} 废水 pH 为 4，含 Cd^{2+} 废水保持溶液初始酸度 6.28。

（4）振荡频率对铅、镉吸附的影响

吸附实验中，振荡是为了使吸附剂与吸附质得到充分接触，以缩短达到吸附平衡所需的时间。振荡频率对铅、镉吸附的影响如图 4-4 所示。

由图 4-4 可知，A 型沸石对 Pb^{2+}、Cd^{2+} 的吸附量随着振荡频率的增加而有不同程度的增加。振荡频率对 Pb^{2+} 去除率的影响较小，当振荡频率为 200r/min

时，吸附量和去除率均达到最大，分别为 32.08mg/g，96.23%，继续增加振荡频率影响不大。而 Cd^{2+} 的去除率随着振荡频率的增加显著增大，去除率由 78.97% 增至 94.86%，吸附量则由 26.32mg/g 增至 31.62mg/g，因此后续试验振荡频率均选择 200r/min。

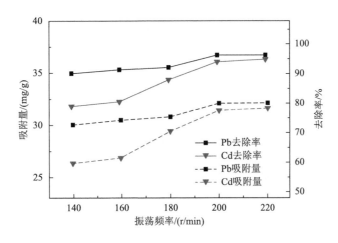

图 4-4 振荡频率对铅、镉吸附的影响

（5）吸附动力学研究

①吸附动力学曲线

通过观察接触时间对吸附的影响，可了解吸附过程中吸附达到平衡所需要的时间，从而掌控实际应用中的反应时间。实验结果如图 4-5 所示。

由图 4-5 沸石对两种离子的吸附量随时间的变化规律可知，0～5min A 型沸石对 Pb^{2+}、Cd^{2+} 的吸附量迅速增加，这是因为在吸附初始阶段，吸附主要在吸附剂的表面和孔道内完成，速度比较快。5min 后增加幅度减小，这是由于随着吸附进行，吸附剂表面的吸附位点减少导致。Pb^{2+}、Cd^{2+} 分别在 45min 和 60min 达到平衡，吸附量不再增加。因此为保证金属离子与沸石吸附剂充分吸附，后续实验选择 60min 为吸附平衡时间。

②吸附动力学方程的拟合

为进一步探讨沸石吸附剂对 Pb^{2+}、Cd^{2+} 的吸附机理，采用准一级吸附方程、准二级吸附方程对吸附数据进行拟合，所得拟合曲线见图 4-6、图 4-7，相应拟合参数见表 4-2。

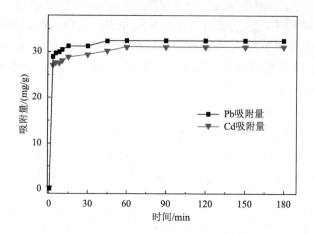

图 4-5 沸石对铅、镉的吸附动力学曲线

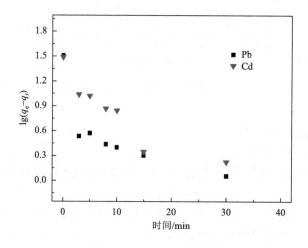

图 4-6 准一级动力学曲线

由表 4-2 可知,准二级吸附方程可以更好地描述 A 型沸石对 Pb^{2+}、Cd^{2+} 的吸附过程,其拟合系数 ($R^2 \geqslant 0.9997$) 比准一级吸附模型拟合系数 ($R^2 \geqslant 0.5532$) 更高,且由准二级吸附速率方程得到的平衡吸附量 q_{ec} 与实际平衡吸附量 $q_{e,\exp}$ 较相近,因此 A 型沸石对 Pb^{2+}、Cd^{2+} 的吸附全过程可用准二级吸附方程准确描述,说明该吸附过程主要受化学作用控制。

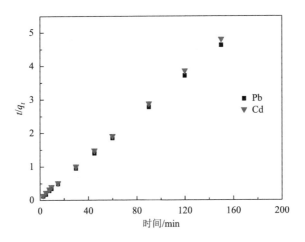

图 4-7　准二级动力学曲线

表 4-2　A 型沸石对 Pb^{2+}、Cd^{2+} 的吸附动力学拟合参数

金属离子	$q_{e,exp}$/(mg/g)	准一级吸附方程参数			准二级吸附方程参数		
		k_1/(min^{-1})	Q_{ec}/(mg/g)	R^2	k_2/[g/(mg·min)]	Q_{ec}/(mg/g)	R^2
Pb^{2+}	32.39	0.0967	7.72	0.5532	0.0637	32.47	1.0000
Cd^{2+}	31.11	0.0903	17.09	0.8299	0.0175	31.55	0.9997

③颗粒内扩散方程的拟合

通常认为多孔材料上的吸附分为四步：容积扩散、液膜扩散、颗粒内扩散、溶质在表面的吸附作用，其中一步或几步决定整个吸附速率及吸附容量，而容积扩散和吸附作用速率非常快，从而控制步骤只能是液膜扩散、颗粒内扩散（Wang S et al.，2006）。本实验对吸附数据进行了 Weber-Morris 方程的拟合，结果见表 4-3、图 4-8 所示。

对 A 型沸石吸附 Pb^{2+}、Cd^{2+} 的数据进行 Weber-Morris 方程拟合，结果见图 4-8，观察发现实验数据点在整个吸附时间内不呈线性，说明颗粒内扩散不是吸附过程唯一的速率控制步骤（Li，2013）。实验数据点主要分布在三段直线上，0~5min 的线性部分被认为是 Pb^{2+}、Cd^{2+} 在 A 型沸石的边层扩散过程（液膜扩散过程），5~45min 的线性部分被认为是 Pb^{2+}、Cd^{2+} 进入沸石孔道的扩散以及逐渐被吸附的过程（颗粒内扩散），拟合参数见表 4-3。60min 后有一段平

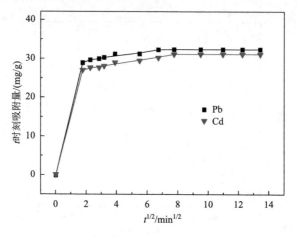

图 4-8 Weber-Morris 方程拟合曲线

表 4-3 A 型沸石吸附 Pb^{2+}、Cd^{2+} 的颗粒内扩散方程拟合参数

重金属离子	Weber-Morris 方程参数		
	$k_{ip}/[mg/(g \cdot min^{-0.5})]$	C	R^2
Pb^{2+}	0.5493	28.470	0.9031
Cd^{2+}	0.6546	26.039	0.9795

台期表示吸附达到平衡。因此在达到平衡前的速率控制步骤可能受液膜扩散和颗粒内扩散共同影响。

（6）等温吸附研究

①等温吸附线

A 型沸石对 Pb^{2+}、Cd^{2+} 的吸附等温线见图 4-9。通过观察一定温度下吸附剂对溶质的吸附过程达到平衡时，溶质在两相中的浓度之间关系的曲线，可看出 A 型沸石对 Pb^{2+}、Cd^{2+} 的等温吸附线变化趋势基本一致，温度一定，随着溶液初始浓度的逐渐增大，吸附量迅速增大，此后趋于平缓，即吸附达到饱和。

②吸附等温方程拟合

为进一步探讨沸石吸附剂对 Pb^{2+}、Cd^{2+} 的吸附行为，采用 Langmuir、Freundlich、D-R 等温吸附模型对吸附数据进行拟合，所得拟合曲线及相应拟合参数见图 4-10、表 4-4、表 4-5。

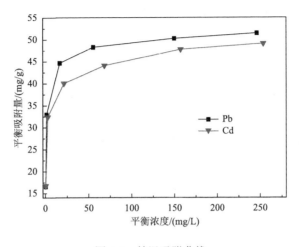

图 4-9 等温吸附曲线

由表 4-4 可知，Langmuir 模型的拟合系数（$R^2>0.9992$）较 Freundlich 模型拟合系数（$R^2>0.8475$）更高，因此 Langmuir 等温吸附模型能更好地描述 A 型沸石对 Pb^{2+}、Cd^{2+} 的吸附过程，说明沸石对两种金属离子的吸附为单分子层吸附。根据 Langmuir 等温吸附模型，计算出 A 型沸石对 Pb^{2+}、Cd^{2+} 的最大饱和吸附量依次是 51.28mg/g、49.26mg/g。赵振等（2012）制备阴/阳离子有机膨润土，并利用其吸附 Pb^{2+}，结果表明：初始浓度为 30mg/L，pH 为 3.6 时，有机膨润土 Pb^{2+} 吸附量为 2.94mg/g；张越等（2015）利用松木屑制得两种不同生物炭，将其用于吸附 Pb^{2+}，最大饱和吸附量分别为 34.48mg/g 和 44.64mg/g；陈春林（2018）利用脱灰煤基活性炭吸附处理含 Cd^{2+} 废水，结果表明：初始浓度为 15mg/L，pH 为 5，吸附剂用量 0.15g 时，Cd^{2+} 的去除率和吸附量分别为 69.73%、4.16mg/g；仇祯等（2018）在 450℃下制备的互花米草生物炭具有良好的镉吸附效应，其最大饱和吸附量为 20.58mg/g。比较发现本实验合成的 A 型沸石吸附量更大，具有更优的吸附性能。由图 4-10 可知，A 型沸石对 Pb^{2+}、Cd^{2+} 的平衡参数 R_L 数值均在 0~1 之间，因此 A 型沸石对 Pb^{2+}、Cd^{2+} 的吸附易于进行。另外，由表 4-5 D-R 模型拟合参数可知 A 型沸石对 Pb^{2+}、Cd^{2+} 的平均吸附能分别为 9.90kJ/mol、10.31kJ/mol，位于 8~16kJ/mol 范围内，说明有化学吸附作用。

表 4-4　A 型沸石对 Pb^{2+}、Cd^{2+} 吸附的等温模型拟合参数

金属离子	Langmuir 方程参数			Freundlich 方程参数		
	Q_{max}/(mg/g)	b/(L/mg)	R^2	$1/n$	k	R^2
Pb^{2+}	51.28	0.5214	0.9997	0.1555	23.74	0.8475
Cd^{2+}	49.26	0.3012	0.9992	0.1591	21.75	0.8796

表 4-5　D-R 方程拟合参数

金属离子	D-R 方程参数		
	E/(kJ/mol)	β_D/(mol/J)^2	R^2
Pb^{2+}	9.90	−0.0047	0.9640
Cd^{2+}	10.31	−0.0051	0.9266

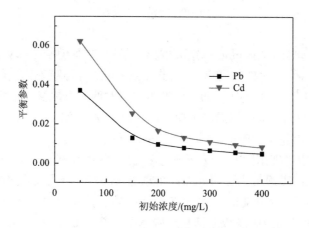

图 4-10　平衡参数与初始浓度的关系

（7）煤矸石与 A 型沸石的吸附性能比较

以煤矸石、A 型沸石为吸附剂，确定相同的吸附条件，两种吸附剂对 Pb^{2+}、Cd^{2+} 的吸附量结果见图 4-11。

由图 4-11 可知，A 型沸石对溶液中 Pb^{2+}、Cd^{2+} 的吸附量明显高于煤矸石，与煤矸石相比，其吸附量约为煤矸石的 1.9 倍，这是因为煤矸石中主要成分为石英、莫来石晶体和致密的玻璃相，不利于阳离子的吸收，沸石的表面积大，孔多且沸石表面羟基解离使其表面带负电荷而有较强的阳离子吸附能力。

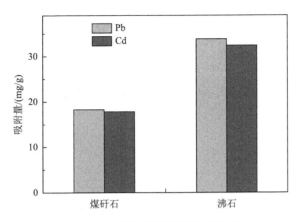

图 4-11　不同吸附剂吸附性能比较

5. 本节小结

通过研究沸石投加量、振荡频率、溶液 pH、接触时间等条件对 A 型沸石吸附 Pb^{2+}、Cd^{2+} 的影响，得出以下结论。

（1）A 型沸石对 Pb^{2+}、Cd^{2+} 吸附的最优条件为：确定 Pb^{2+}、Cd^{2+} 初始浓度为 100mg/L，A 型沸石投加量为 0.15g，调节含 Pb^{2+} 溶液的初始 pH 为 4，含 Cd^{2+} 溶液保持初始酸度 6.28，置于恒温振荡器中以 200r/min 的转速恒温振荡 60min，此时 A 型沸石对 Pb^{2+}、Cd^{2+} 去除率和吸附量均达到最大，分别是 96.23%、32.08mg/g 和 94.86%、31.62mg/g。

（2）A 型沸石吸附两种金属离子的动力学实验结果表明：A 型沸石对两种金属离子的吸附均具有较快的吸附速率，60min 即可达到吸附平衡，Weber-Morris 方程说明在达到平衡前的速率控制步骤受液膜扩散和颗粒内扩散共同影响，且准二级吸附方程可以更好地描述 A 型沸石对 Pb^{2+}、Cd^{2+} 的吸附过程，其拟合系数（$R^2>0.9997$），说明该吸附过程主要受化学作用控制。

（3）吸附等温实验表明：Langmuir 等温吸附模型（$R^2>0.9992$）能更好地描述 A 型沸石对 Pb^{2+}、Cd^{2+} 的吸附过程，说明沸石对两种金属离子的吸附为单分子层吸附。由 Langmuir 模型计算得到的 A 型沸石对重金属 Pb^{2+}、Cd^{2+} 的最大饱和吸附量为 51.28kJ/mol、49.26mg/g。R_L 数值均在 0～1 之间，因此 A 型沸石对 Pb^{2+}、Cd^{2+} 的吸附易于进行，合成的 A 型沸石有良好的吸附能力。

（4）比较煤矸石及 A 型沸石对 Pb^{2+}、Cd^{2+} 的吸附性能，结果表明：A 型

沸石对溶液中 Pb^{2+}、Cd^{2+} 的吸附量约为煤矸石的 1.9 倍，证明 A 型沸石有良好的吸附能力。

4.1.2　乌海地区样品（B 样）制备 A 型沸石对模拟含氟、砷废水的吸附研究

1. 实验方法

（1）吸附动力学实验

称取所制得沸石 0.1g 于离心管中，加入初始浓度为 10.0mg/L 模拟含氟废水溶液，在室温下，以 180r/min 的频率分别振荡 3min、15min、30min、45min、60min、90min、120min、150min、180min、210min、240min、300min，抽滤，取上清液，测其电位值，代入线性回归方程 $E = 233.19 – 58.26 \lg C_F$，得出其吸附后浓度，并计算 A 型沸石对模拟含氟废水的平衡吸附量 q_e（mg/g）。

称取所制得沸石 0.2g 于离心管中，加入 pH 为 5，初始浓度为 35.0mg/L 模拟含砷废水溶液，在室温下，以 180r/min 的频率分别振荡 3min、15min、30min、45min、60min、90min、120min、150min、180min、210min、240min、300min，抽滤，取上清液，采用等离子体电感耦合发射光谱法直读吸附后砷浓度，并计算 A 型沸石对模拟含砷废水的平衡吸附量 q_e（mg/g）。

$$q_e = \frac{(c_0 - c) \times V}{m} \tag{4.3}$$

式中：c_0 为模拟废水起始浓度，mg/g；c 为吸附后模拟废水浓度，mg/g；V 为溶液体积，L；m 为吸附剂质量，g。

（2）等温吸附实验

称取所制得沸石 0.1g 于离心管中，加入不同浓度的模拟含氟废水溶液，在室温下振荡 60min，抽滤，取上清液，测其电位值，代入线性回归方程 $E = 233.19–58.26 \lg c_F$，得出其吸附后浓度，并计算 A 型沸石对模拟含氟废水的平衡吸附量 q_e（mg/g）。

称取所制得沸石 0.2g 于离心管中，加入 pH 为 5，不同浓度的模拟含砷废水溶液，在室温下振荡 120min，抽滤，取上清液，采用等离子体电感耦合发射光谱法直读吸附后砷浓度，并计算 A 型沸石对模拟含砷废水的平衡吸附量 q_e（mg/g）。

（3）A 型沸石再生实验

称取一系列适量的 A 型沸石于离心管中，分别加入适量的模拟含氟废水，在选定的吸附条件下进行吸附，达到吸附饱和后，取出、抽滤，烘干备用，取上清液并测其吸附量 $q_{e,0}$。

分别称取 0.1g 吸附过含氟废水的 A 型沸石于离心管中，加入适宜的再生剂在室温下振荡，取出抽滤，吸附剂烘干备用，即得再生后的 A 型沸石。

将再生后的 A 型沸石进行再吸附，测得其饱和吸附量为 $q_{e,i}$，并按以下公式计算其再生率 I：

$$I = \frac{q_{e,0}}{q_{e,i}} \times 100\% \qquad (4.4)$$

其中：$q_{e,0}$ 为再生前沸石的饱和吸附量，$q_{e,i}$ 为沸石再生第 i 次的饱和吸附量。

2. 结果与讨论

（1）最佳吸附条件的探究

①沸石投加量对沸石吸附性能的影响

准确称取不同质量的 A 型沸石于两组离心管中，一组加入 50mL，浓度为 2mg/L 的模拟含氟废水，另一组加入 50mL，浓度为 50mg/L 的模拟含砷废水，以原水的 pH、室温条件下振荡 60min，抽滤，取上清液测定，研究 A 型沸石投加量对沸石吸附性能的影响，结果见图 4-12 所示。

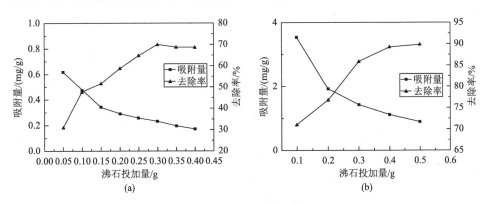

图 4-12　沸石投加量对吸附性能的影响
（a）氟；（b）砷

由图 4-12（a）所知，随着沸石投加量的增加，A 型沸石对模拟含氟废水的去除率逐渐增大，而吸附量逐渐减小，在投加量为 0.1g 时，去除率和吸附量分别为 47.59%、0.48mg/g，继续增加 A 型沸石的投加量，去除率缓慢增大，最后基本相同，但吸附量急剧下降，由图 4-12（b）所知，在 A 型沸石对模拟含砷废水的吸附试验中，随着沸石投加量的增加，去除率持续增大，由 70.92% 增大至 89.88%。吸附量逐渐降低，由 17.73mg/g 降至 4.49mg/g。吸附量逐渐降低原因是沸石吸附剂的投加量不断增加，而浓度不变，溶液中的氟、砷离子相对于沸石的饱和吸附量太小，所以单位质量吸附剂的吸附效果减弱，吸附量降低（唐芳，2010）。A 型沸石的投加量增大，有效吸附位点增多，表面积增大，而溶液中氟、砷离子浓度不变，所以去除率增大（Binabaj M A et al.，2017）。综合考虑，确定在 A 型沸石对模拟含氟废水的吸附试验中最佳的沸石投加量为 0.1g，在 A 型沸石对模拟含砷废水的吸附试验中最佳的沸石投加量为 0.2g。

②废水初始浓度对沸石吸附性能的影响

取两组离心管，其中一组准确称取 0.1g A 型沸石于离心管中，分别加入 50mL，不同浓度的模拟含氟废水，于室温下振荡 60min，抽滤，取上清液测其电位值，研究模拟含氟废水初始浓度对 A 型沸石吸附性能的影响。另一组准确称取 0.2g A 型沸石于离心管中，分别加入 50mL，不同浓度的模拟含砷废水，于室温下振荡 60min，抽滤，取上清液采用等离子体电感耦合发射光谱法测定试样，研究模拟废水溶液初始浓度对 A 型沸石吸附性能的影响，结果见图 4-13 所示。

由图 4-13（a）可知，随着模拟含氟废水初始浓度增大，A 型沸石对模拟含氟废水的去除率和吸附量逐渐增大，模拟含氟废水的初始浓度为 10mg/L 时，去除率达到最大，为 94.85%，此时吸附量为 4.74mg/g，继续增大模拟含氟废水的浓度，去除率急剧下降而单位吸附量缓慢增大。由图 4-13（b）可知，随着模拟含砷废水浓度增大，吸附量也逐渐增大。模拟含砷废水的浓度在 15～35mg/L 的范围时，A 型沸石对模拟含砷废水的去除率缓慢减小，之后随着浓度的增大去除率急剧下降。主要原因是，A 型沸石与废水两相界面之间存在着氟（砷）离子浓度差，产生一定的浓度梯度，浓度差增强了膜传质过程重的推动力，使得更多的氟（砷）离子进入沸石的表面及孔道（杨艳国等，2013），因此提高了 A 型沸石的单位吸附量，而去除率下降。综合考虑，确定模拟含氟废水的初始浓度为 10mg/g，模拟含砷废水的初始浓度为 35mg/g。

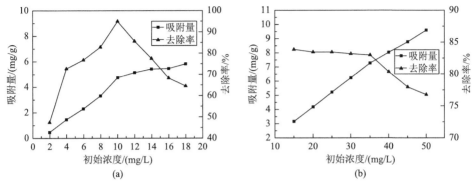

图 4-13 废水初始浓度对吸附性能的影响

(a) 氟；(b) 砷

③pH 对沸石吸附性能的影响

取两组离心管，其中一组准确称取 0.1g 沸石于离心管中，分别加入 50mL，10mg/g 模拟含氟废水，调节不同 pH（4、5、原水 5.51、6、7、8）。于室温下振荡 60min，抽滤，取上清液测其电位值，研究不同 pH 对 A 型沸石吸附性能的影响。另一组准确称取 0.2g 沸石于离心管中，分别加入 50mL，35mg/g 模拟含砷废水，调节不同 pH（3、4、5、原水 5.51、6、7、8）。于室温下振荡 60min，抽滤，取上清液采用等离子体电感耦合发射光谱法测定试样，研究不同 pH 对 A 型沸石吸附性能的影响，结果见图 4-14 所示。

从图 4-14（a）可以看出 pH 在 4～5.51（原水 pH）的范围时，A 型沸石对模拟含氟废水的吸附量由 4.38mg/g 升高至 4.74mg/g，之后 pH 增大，吸附量迅速减小，去除率也是随着 pH 增大而先增大后减小，在原水 pH（pH=5.51）下，A 型沸石对模拟含氟废水的去除率达到最大为 94.85%。主要原因是 pH 在 4～5 时，溶液中 H^+ 较多，容易与溶液中的 F^- 结合生成弱电解质 HF，部分 F^- 被固定，从而降低溶液中 F^- 的浓度，影响沸石的吸附效果，之后随着 pH 的增大，溶液中 OH^- 增多，OH^- 与 F^- 之间存在较强的竞争吸附，减弱了 A 型沸石对 F^- 的吸附（Yan et al., 2018）。所以，确定 A 型沸石吸附模拟含氟废水的最佳 pH 为原水 pH（5.51）。

由图 4-14（b）可以看出 A 型沸石对模拟含砷废水的吸附量和去除率随着 pH 的增大，出现先增大后减小的趋势，在 pH 为 5 的时候去除率和吸附量均达到最大值，分别为 87.44%，7.651mg/g。主要原因是在 pH 较小的时候，溶液中砷主要以 H_3AsO_4 分子的形式存在，影响 A 型沸石的吸附性能。随着 pH 的增大，溶液中的砷酸根增多，吸附量和去除率增大。继续增大 pH，当超过沸石表面电荷为 0 时的 pH 时，A 型沸石表面负电荷与砷阴离子发生静电斥力作用，吸附量和去除率降低（唐芳等，2010）。所以综合考虑，确定 A 型沸石吸附模拟含砷废水的最佳 pH 为 5。

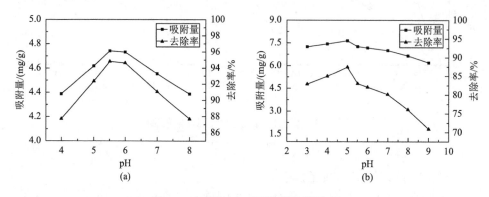

图 4-14　废水 pH 对吸附性能的影响

(a) 氟；(b) 砷

④振荡频率对沸石吸附性能的影响

本实验为了探究振荡频率对 A 型沸石吸附性能的影响，取两组离心管，其中一组准确称取 0.1g A 型沸石于离心管中，分别加入 50mL，10mg/L，原水 pH 下的模拟含氟废水，在室温下分别调节振荡频率为 120r/min、140r/min、160r/min、180r/min、200r/min、220r/min、240r/min 振荡 60min，抽滤，取上清液测其电位值；另一组准确称取 0.2g A 型沸石于离心管中，加入 50mL，35mg/L 的模拟含砷废水，调节 pH 为 5，在室温下分别调节频率为 120r/min、140r/min、160r/min、180r/min、200r/min、220r/min 振荡 60min，抽滤，取上清液采用等离子体电感耦合发射光谱法测定试样，研究不同振荡频率对 A 型沸石吸附性能的影响，结果见图 4-15 所示。

从图 4-15（a）可以看出随着振荡频率的增大，A 型沸石对模拟含氟废水的吸附量和去除率逐渐增大，在振荡频率为 160r/min 时，去除率和吸附量均达到最大值，分别为 94.85%、4.743mg/g，之后随着振荡频率的增加，去除率和吸附量均缓慢减小。由图 4-15（b）可知，A 型沸石对模拟含砷废水的吸附量和去除率呈现先增大，后减小的趋势，在振荡频率为 180r/min 时，A 型沸石对模拟含砷废水的去除率和单位吸附量均达到最大，分别为 88.96%、7.784mg/g。因此，确定 A 型沸石对模拟含氟、砷废水的最佳振荡频率为 160r/min、180r/min。

第 4 章 煤矸石合成沸石的吸附性能及机理探讨 | 143

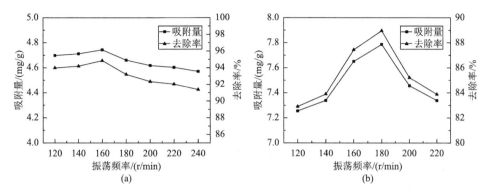

图 4-15 振荡频率对吸附性能的影响
(a) 氟；(b) 砷

（2）煤矸石和 A 型沸石的吸附能力比较

在最佳吸附条件下，进行煤矸石与 A 型沸石的吸附能力比较试验，结果如图 4-16 所示。

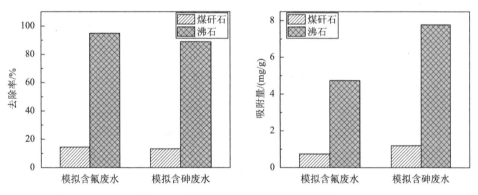

图 4-16 煤矸石和沸石的吸附性能比较

由图 4-16 可知，在最佳吸附条件下，A 型沸石对模拟含氟、砷废水的吸附效果明显高于煤矸石。A 型沸石对模拟含氟、砷废水的去除率分别是煤矸石的 6.38 倍、6.50 倍，煤矸石对模拟含氟砷废水的单位吸附量分别为 0.743mg/g、1.198mg/g，A 型沸石对模拟含氟、砷废水的吸附量分别为 4.743mg/g、7.784mg/g，与煤矸石相比，单位吸附量分别增大了 6.38 倍和 6.50 倍。原因是所合成 A 型沸石结构疏松，形成许多内表面很大的孔穴，且大小固定，因此 A 型沸石具有很高的吸附性和筛分性。

（3）吸附动力学研究

①吸附动力学曲线绘制

本实验为了探究接触时间对 A 型沸石吸附性能的影响，取两组离心管，其中一组准确称取 0.1g A 型沸石于离心管中，加入模拟含氟废水，在室温下振荡不同时间，抽滤，取上清液测其电位值，另一组准确称取 0.2g A 型沸石于离心管中，加入模拟含砷废水振荡不同时间，测定其吸附后浓度，进行吸附动力学研究，由 q（mg/g）对 t（min）作图，所得结果如图 4-17 所示。

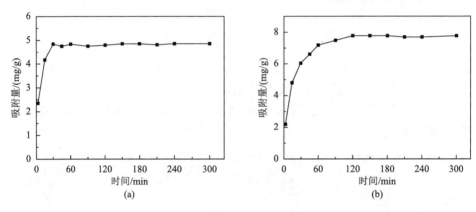

图 4-17 A 型沸石对模拟废水吸附动力学曲线

(a) 氟；(b) 砷

由图 4-17（a）所知，3~15min，A 型沸石对模拟含氟废水的单位吸附量随时间急剧增大，吸附量增大至 4.165mg/g，属于快吸附过程，主要原因是，模拟含氟溶液起始浓度较大，在溶液中的扩散速度较快，快速的分布在 A 型沸石周围，A 型沸石对氟离子的吸附主要发生在沸石表面，所以吸附较快。从 15~45min A 型沸石对模拟含氟废水的吸附量缓慢增大到 4.743mg/g，之后随着接触时间的增大，吸附量基本不变处于平衡状态，说明 A 型沸石已经处于吸附饱和状态。主要原因是，随着反应时间的延长溶液中氟离子浓度减小，A 型沸石对其的吸附集中在内部孔道，溶液扩散速率减慢，吸附速率减慢，随着接触时间延长，A 型沸石表面及内部孔道吸附位点全部吸附完全，达到吸附饱和，吸附量基本保持不变（唐芳等，2010）。所以确定 A 型沸石对模拟含氟废水的吸附平衡时间为 60min。

由图 4-17（b）所知，3~45min，吸附量快速增大，由 2.145mg/g 迅速增大至 6.032mg/g，在 45~90min 内，吸附量缓慢增大，之后随着接触时间的延长，吸附量基本保持不变，达到吸附饱和状态。所以确定 A 型沸石对模拟含砷废水的吸附平衡时间为 120min。

②吸附动力学方程拟合

为了探究煤矸石合成沸石对模拟含氟、砷废水吸附机理，对不同初始浓度的模拟含氟、砷废水进行吸附动力学研究。所得数据进行准一级动力学模型、准二级动力学模型、韦伯-莫里斯颗粒内扩散模型进行拟合。准一级动力学方程假定吸附受扩散步骤控制，广泛地应用于各种吸附过程，在实际的吸附中可能由于吸附太慢，达到平衡所需时间长，不能准确地描述吸附的全过程。准二级动力学方程是假定吸附速率受化学反应控制，吸附质和吸附剂存在共用电子对或电子转移。A 型沸石对模拟含氟、砷废水的准一级动力学曲线如图 4-18 所示，准二级动力学曲线如图 4-19 所示，相应拟合参数见表 4-6。

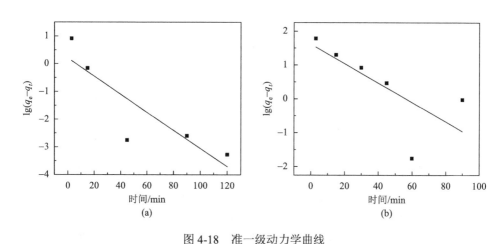

图 4-18　准一级动力学曲线

(a) 氟；(b) 砷

由表 4-6 可知，A 型沸石对模拟含砷废水的吸附过程拟合准一级动力学方程的相关系数 R^2 分别为 0.6971、0.4035，相关性较差，且拟合出来的与实验所得的平衡饱和吸附量相差较大，因此，A 型沸石对模拟含氟、砷废水的吸附过程不符合准一级动力学模型。A 型沸石对模拟含氟、砷废水的吸附过程进行准二级动力学方程拟合，结果相关性较好，且所得平衡吸附量与试验测得值相近，说明 A 型沸石对模拟含氟、砷废水的吸附过程很好地符合准二级吸附速率方程，说明吸附过程中存在化学吸附。

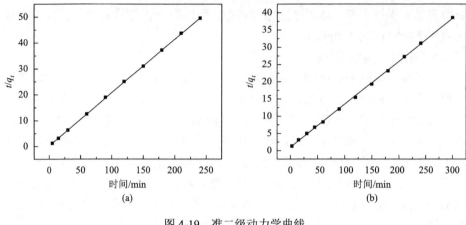

图 4-19 准二级动力学曲线

(a) 氟；(b) 砷

表 4-6 动力学拟合参数

废水名称	$q_{e,exp}$/(mg/g)	准一级吸附方程			准二级吸附方程		
		k_1/(min^{-1})	$q_{e,1}$/(mg/g)	R^2	k_2/[g/(mg·min)]	$q_{e,2}$/(mg/g)	R^2
含氟废水	4.85	0.07	1.22	0.6971	0.31	4.85	0.9999
含砷废水	7.78	0.07	4.98	0.4035	0.02	8.03	0.9994

Weber and Morris 颗粒内扩散模型，常用来分析反应中的控制步骤，适用于描述多孔介质的吸附过程（徐先阳等，2017）。模型的假设条件为扩散方向是随机的，液膜扩散阻力可以忽略不计，或者液膜扩散阻力在吸附初始阶段起作用，吸附质浓度不随颗粒位置改变而改变。所得 A 型沸石对模拟含氟、砷废水的颗粒内扩散拟合曲线，如图 4-20 所示，颗粒内扩散拟合参数如表 4-7 所示。

由图 4-20 和表 4-7 可知，A 型沸石对模拟含氟、砷废水的吸附过程的颗粒内扩散拟合曲线都不经过原点，说明颗粒内扩散不是唯一的速率控制步骤，还受其他因素的共同控制（傅正强，2013）。C 代表边界层厚度，边界层越大，边界效应越大，对外部传质的阻力增大。A 型沸石对模拟含氟、砷废水的吸附过程可分为两个阶段，在 A 型沸石吸附模拟含氟废水的第一阶段，拟合的相关性系数 $R^2 = 0.4186$，边界层系数为 4.71，说明快吸附过程中除了颗粒内扩散还存在其他扩散，边界层厚度较大，受边界效应影响较大。第二阶段拟合的相关性系数为 $R^2 = 0.9386$，边界层厚度减小，说明慢吸附过程主要是颗粒内扩散控制，

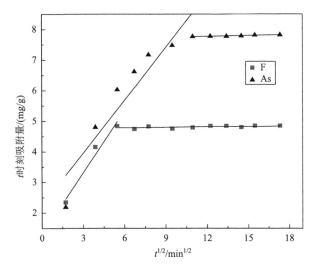

图 4-20　颗粒内扩散拟合曲线

表 4-7　颗粒内扩散拟合参数

废水名称	第一阶段			第二阶段		
	k_{ip}/[mg/(g·min$^{1/2}$)]	C	R^2	k_{ip}/[mg/(g·min$^{1/2}$)]	C	R^2
含氟废水	0.01	4.71	0.4186	0.67	1.29	0.9386
含砷废水	0.68	1.76	0.8930	0.01	7.65	0.9893

受边界效应影响较小。在 A 型沸石吸附模拟含砷废水的第一阶段，相关性系数 $R^2 = 0.8930$，说明此过程主要是由颗粒内扩散控制，第二阶段，q_t 与 $t^{1/2}$ 呈现较好的线性关系（$R^2 = 0.9893$），说明该过程也主要是由颗粒内扩散控制。从第一阶段到第二阶段边界层厚度增大，内扩散速率常数（k_{ip}）减小，说明吸附过程受边界效应影响较大，颗粒内扩散速率减弱。所以在 A 型沸石吸附模拟含氟、砷废水的吸附过程是颗粒内扩散和表面吸附共同作用的结果（Kooh et al., 2016）。

（4）吸附等温研究

①吸附等温线绘制

吸附等温线是在一定温度下，相界面上的吸附达到平衡，溶液平衡浓度与吸附量之间的关系曲线。通过吸附等温线的类型可以了解一些关于吸附剂表面性质、孔的分布性质以及吸附质和吸附剂的相互作用信息（李北罡等，2016）。

本实验在室温下用所制备的 A 型沸石对模拟含氟、砷废水进行了吸附等温试验。所得吸附等温线如图 4-21 所示。

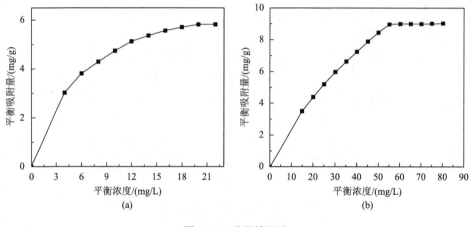

图 4-21　吸附等温线

(a) 氟；(b) 砷

由图 4-21（a）可知，在室温下，A 型沸石对模拟含氟废水的吸附等温线是先增大后趋于平缓的趋势，在平衡浓度为 18mg/L 之前，曲线上升趋势很快，单位吸附量由 3.03mg/g 快速升高到 5.82mg/g，最后达到稳定平衡，平衡吸附量为 5.82mg/g。由图 4-10（b）可知，在室温下，A 型沸石对模拟含砷废水的吸附等温线也呈现先增大后趋于平缓的趋势，在平衡浓度为 55mg/L 之间，吸附量由 3.51mg/g 快速升高到 8.98mg/g，之后沸石对模拟含砷废水的吸附已接近于饱和状态，平衡吸附量为 9.03mg/g。

②吸附等温线拟合

室温下，煤矸石水热合成的 A 型沸石对模拟含氟、砷废水的吸附等温数据，采用等温模型进行拟合，相关拟合参数如表 4-8、表 4-9 所示。

表 4-8　Langmuir 和 Freundlich 方程拟合参数

废水名称	Langmuir 方程拟合参数				Freundlich 方程拟合参数		
	Q_{max}/(mg/g)	b/(L/mg)	R^2	R_L	$1/n$	k	R^2
含氟废水	7.63	6.01	0.9994	0.0075~0.0399	0.81	2.97	0.7606
含砷废水	21.93	79.74	0.9986	0.0001~0.0008	0.64	0.63	0.9717

表 4-9　D-R 方程拟合参数

废水种类	q_{max}/(mg/g)	β_D/(mol/J)^2	E/(kJ/mol)	R^2
含氟废水	6.05	−0.0051	9.90	0.9462
含砷废水	8.95	−0.0418	44.25	0.9094

由表 4-8 可知,在室温下,对 A 型沸石吸附模拟含氟、砷废水进行 Langmuir 等温吸附模型拟合,相关系数分别为 0.9994 和 0.9986,说明 Langmuir 可以很好地描述 A 型沸石对模拟含氟、砷废水的吸附过程,主要吸附为单分子层吸附,且 A 型沸石对模拟含氟、砷废水的最大吸附量分别为 7.63mg/g 和 21.93mg/g,R_L 范围分别是 0.0075~0.0399 和 0.0001~0.0008,说明 A 型沸石对模拟含氟、砷废水的吸附过程容易进行。

在 Freundlich 吸附等温模型中,$1/n$ 用来衡量吸附过程进行的难易程度,$1/n>2$ 时说明吸附行为难以进行,$0.1<1/n<0.5$ 表示反应极易进行(杨敏等,2017)。A 型沸石对模拟含氟、砷废水的 Freundlich 吸附等温模型拟合参数中,$1/n$ 值分别为 0.81 和 0.64,吸附过程容易进行,吸附过程复杂,为多种吸附方式同时进行。

由表 4-9 可知,D-R 吸附等温模型拟合参数可知,A 型沸石对模拟含氟、砷废水的吸附很好地符合 D-R 模型,相关系数分别为 0.9462 和 0.9094,说明吸附过程中微孔吸附作用较为明显(王艺洁,2013)。D-R 模型中的平均自由能分别为 9.90kJ/mol 和 44.25kJ/mol,说明 A 型沸石对模拟含氟、砷废水的吸附中,既有化学吸附也有物理吸附(Ho et al.,2002)。

刘成等(2014)利用球状羟基磷灰石对地下水中氟离子进行去除,研究结果表明,球状羟基磷灰石对地下水中氟离子去除容量约为 7.5mg/g,但其去除过程持续时间较长;赵良元等(2008)利用载铁改性的沸石处理水中的氟,研究结果表明,静态除氟容量为 0.67mg/g,动态达 0.20mg/g,分别约为原沸石除氟容量的 20 和 7 倍;李冰川等(2015)采用 1.0mol/L 的氢氧化钠和 10%的硫酸铝改性天然沸石处理得到改性沸石,在室温下,pH 为 6 的条件下,改性沸石的吸附容量最佳为 1.44mg/g;Gautam 等(2016)利用负载铁氧化物石英砂在 pH 为 7 时,处理含砷废水,所得最大饱和吸附量为 0.285mg/g;Gallios 等(2017)利用铁锰氧化物改性纳米活性炭吸附砷酸盐去,结果表明,复合材料的最大理论吸附容量为 11.3mg/g;赵凯等(2012)利用改性的天然菱铁矿强化除砷,所得结果表明其对砷的饱和吸附容量为 1026μg/g。本实验所制得材料对废水中氟、砷的理论最大吸附量分别为 7.63mg/g、21.93mg/g，均大于其他吸附材料对废水中氟、砷的吸附容量。

（5）再生实验

取一组离心管，称取所制得沸石 0.1g 于离心管中，加入模拟含氟废水，在最佳吸附条件下进行吸附试验，将吸附饱和后的沸石烘干。在吸附饱和后的沸石加入 50mL 浓度 4mol/L 的硫酸铝钾溶液，在室温下振荡 2h 后，抽滤洗涤至中性，烘干，即得到再生产品。称取 0.1g 再生沸石，加入模拟含氟废水，在最佳条件下进行吸附试验，计算再生率及再生次数，结果如图 4-22 所示。

吸附饱和后的 A 型沸石用硫酸铝钾溶液再生，当沸石被浸入到硫酸铝钾溶液中时，化学平衡被破坏，F^- 被高浓度正电荷的铝的羟基络合物吸引，随着硫酸铝钾溶液被排出，而硫酸铝钾中的 K^+ 进入沸石孔道中，从而达到再生的目的。从图 4-22 可知，吸附饱和后的沸石第一次再生，再生率为 98%，之后随着再生次数的增加，再生率逐渐减小，第四次的再生率为 69%，所以吸附饱和后的沸石经过再生，可至少重复利用 3 次。

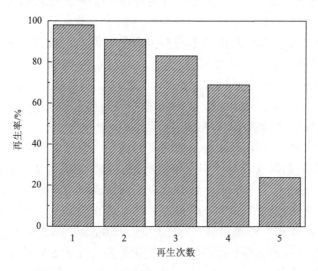

图 4-22 再生次数对再生率的影响

3. 本节小结

（1）A 型沸石对模拟含氟废水的最佳吸附条件：在初始浓度为 10mg/L 的

模拟含氟废水中加入 0.1g A 型沸石，调节振荡频率为 160r/min，在室温下，振荡 1h，A 型沸石对模拟含氟废水的去除率和吸附量分别为 94.85%、4.743mg/g。

（2）A 型沸石对模拟含砷废水的最佳吸附条件：在初始浓度为 35mg/L，pH 为 5 的模拟含砷废水中加入 0.2g A 型沸石，调节振荡频率为 180r/min，在室温下，振荡 1h，A 型沸石对模拟含砷废水的去除率和吸附量分别为 88.96%、7.784mg/g。

（3）吸附动力学实验表明：A 型沸石对模拟含氟、砷废水均有很快的吸附速率，其吸附反应分别在 60min 和 120min 后达到吸附平衡。A 型沸石对模拟含氟、砷废水的吸附过程可以用准二级动力学方程来描述，相关系数分别为 0.9999 和 0.9994，达到极显著相关，说明吸附过程中有化学吸附。通过颗粒内扩散模型拟合说明 A 型沸石对模拟含氟、砷废水的吸附过程是颗粒内扩散和表面吸附共同作用的结果。

（4）吸附等温实验表明：A 型沸石对模拟含氟、砷废水的吸附过程可以用 Langmuir 吸附等温模型来描述，相关系数均大于 0.99，且 A 型沸石对模拟含氟、砷废水的最大吸附量分别为 7.63mg/g 和 21.93mg/g，A 型沸石对模拟含氟、砷废水的 R_L 分别在 0.0075～0.0399 和 0.0001～0.0008 的范围内，$1/n$ 值分别为 0.81 和 0.64，表明 A 型沸石对模拟含氟、砷废水的吸附容易进行。A 型沸石对模拟含氟、砷废水的吸附过程主要以化学吸附为主，与动力学研究结果一致。A 型沸石对模拟含氟、砷废水的吸附很好地符合 D-R 模型，相关系数分别为 0.9462 和 0.9094。D-R 模型中的平均自由能分别为 9.90kJ/mol 和 44.25kJ/mol，说明 A 型沸石对模拟含氟、砷废水的吸附中，既有化学吸附也有物理吸附，主要以化学吸附为主。

（5）再生实验表明：吸附饱和后的 A 型沸石，至少可以再生 3 次，且再生率在均在 80% 以上。

4.1.3 乌海地区样品（C 样）制备 A 型沸石对模拟含氟、磷废水的吸附研究

1. 引言

由于工业的发展以及废水处理技术的不完善，我国的水资源出现了明显的恶化，而废水中的磷酸根和氟离子会对水环境及人体健康造成不利影响。沸石以其丰富的孔道和较大的比表面积，而广泛应用于吸附去除废水中的多种污染

离子。本章主要内容包括探讨吸附试验中影响 NaA 沸石吸附模拟含氟、含磷废水效果的因素，以及对吸附数据进行等温吸附拟合和动力学拟合，探讨其吸附模式机理等内容。

2. 实验方法

将一定质量的沸石和 50.00mL 一定浓度的含氟溶液混合置于 50mL 离心管中，吸附振荡一段时间后，经离心抽滤取部分上清液，加入适量 TISAB（Ⅲ），加入转子在室温下搅拌，采用氟离子电极在连续搅拌条件下测定电位值，利用公式（4.5）、（4.6）计算沸石对氟离子的吸附量和去除率。

将一定质量的沸石和 50.00mL 一定浓度的含磷溶液混合置于 50mL 离心管中，吸附振荡一段时间后，经离心抽滤取部分上清液，先加入抗坏血酸（0.1g/L）溶液，之后再加入钼酸盐溶液进行显色反应，采用钼酸铵分光光度法测定吸附后的溶液的吸光度，利用公式（4.5）、（4.6）计算沸石对磷的吸附量和去除率。

$$q_\mathrm{e} = \frac{(c_0 - c) \times V}{m} \tag{4.5}$$

$$\eta = \frac{c_0 - c}{c_0} \tag{4.6}$$

式中：q_e 为吸附量，单位为 mg/g，η 为去除率（%），c_0 为吸附前含氟/含磷溶液的初始浓度（mg/L），c 为吸附后含氟/含磷溶液的浓度（mg/L），V 为溶液的体积（L），m 为沸石投加质量（g）。

3. 吸附试验

（1）沸石投加量对吸附效果的影响

在两组 50mL 离心管中分别加入 50.00mL 10mg/L 的含氟溶液和 20mg/L 含磷溶液，分别加入不同质量的合成沸石，室温下以 230r/min 的频率振荡 120min 后，经离心抽滤取部分上清液，测定电位和吸光度。

（2）溶液初始浓度对吸附效果的影响

称取 9 份 0.15g NaA 沸石分别加入到初始浓度为 1mg/L、3mg/L、5mg/L、7mg/L、9mg/L、11mg/L、15mg/L、20mg/L、25mg/L 的含氟溶液中，室温下以 230r/min 的频率振荡 120min 后，离心抽滤取部分上清液，测定计算氟离子浓度。

称取 6 份 0.20g NaA 沸石分别加入到初始浓度为 5mg/L、10mg/L、15mg/L、

20mg/L、25mg/L、30mg/L 的含磷溶液中，室温下以 230r/min 的频率振荡 120min 后，离心抽滤取部分上清液，测定吸光度。

(3) 溶液 pH 对吸附效果的影响

将 50.00mL 15mg/L 的含氟溶液分别调节溶液 pH 在 3.00～9.00，各加入 0.15g 合成的 NaA 沸石，室温下以 230r/min 的频率振荡 120min 后，离心抽滤取部分上清液，测定氟离子浓度。

将 50.00mL 25mg/L 的含磷溶液分别调节溶液 pH 在 3.00～13.00，各加入 0.20g 合成的 NaA 沸石，室温下以 230r/min 的频率振荡 120min 后，离心抽滤取部分上清液，测定吸光度。

(4) 振荡吸附时间对吸附效果的影响

取两组 50mL 离心管，一组加入 0.15g 合成的 NaA 沸石和 50.00mL 15mg/L 的含氟溶液，调节 pH 为 6.00 在室温下以 230r/min 的振荡频率下，分别振荡 10min、20min、30min、40min、60min、90min、120min、150min 后，离心抽滤取部分上清液，测吸附后溶液中氟离子浓度；另一组加入 0.20g 合成的 NaA 沸石和 50.00mL 25mg/L 的含磷溶液，室温下以 230r/min 的振荡频率下，分别振荡 10min、20min、30min、40min、60min、120min、180min、240min、300min 后，离心抽滤取部分上清液，测定吸光度。

(5) 煤矸石原样与合成沸石吸附效果比较

称取同样质量的煤矸石和合成沸石，各加入 50.00mL 15mg/L 的含氟溶液，室温下以 230r/min 的频率振荡 60min 后，离心抽滤取部分上清液，利用 4.2 所述方法测定氟离子浓度，比较吸附性能差异。

称取同样质量的煤矸石和合成沸石，各加入 50.00mL 25mg/L 的含磷溶液，室温下以 230r/min 的频率振荡 180min 后，离心抽滤取部分上清液，利用 4.2 所述方法测定吸光度，比较吸附性能差异。

4. 结果与讨论

(1) 沸石投加量对吸附效果的影响

试验结果如图 4-23 所示，由图可以看到，NaA 沸石对氟离子和磷酸根的吸附量随着所加入的沸石量的加大而减少，去除率随着所加入的沸石量的加大呈现先增加然后趋向稳定状态。由 (a) 可知，当加入的沸石量由 0.03g 增加到 0.15g 时，沸石对含氟废水中氟的吸附量明显降低，同时对氟的去除率有大幅度增加；由 (b) 可知，当沸石投加量由 0.01g 增加到 0.20g 时，沸石对磷的去除率增大，而吸附量逐渐有所减少。这是由于 NaA 沸石吸附剂的添加量的增多提供了更大更多的吸附点位和面积（王帅等，2014），吸附的总容量增加，所以去除率与吸附剂添加量在一定范围内呈正比关系。但是当超过沸石能够吸附的最大的负荷后，沸石就很难再继续进行吸附行为（赵增迎等，2005），这就导致去除率增长缓慢，逐渐趋于平衡。由（a）可知，当加入的沸石量由 0.15g 继续升高，其去除率增加的趋势已经很微小，故确定沸石吸附氟离子试验的沸石添加量为 0.15g；由（b）知当沸石添加量为 0.20g 时，其吸附已接近平衡，继续增加沸石量意义不大。故确定沸石吸附磷酸根试验的沸石添加量为 0.2g。

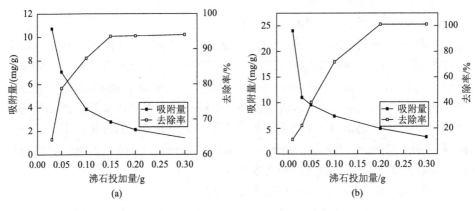

图 4-23　沸石投加量对氟、磷吸附效果的影响
(a) 氟；(b) 磷

（2）溶液初始浓度对吸附效果的影响

试验结果如图 4-24 所示。由图可知，在沸石添加量一定的条件下，去除率与含氟/含磷溶液初始浓度呈反比，而吸附量的变化则是先增大而后慢慢趋向平衡的状态。提高含氟/含磷溶液的初始浓度，不仅可以增加可供沸石吸附的氟离子/磷酸根的数量，还可增加吸附质与吸附剂的接触机会和吸附动力，从而增加了沸石对氟离子/磷酸根的吸附量（张翠玲等，2014）。由图 4-24 中（a）、（b）可知，当增大溶液初始浓度，沸石对溶液中氟离子、磷酸根的吸附量逐渐增大，当含氟溶液初始浓度从 1mol/L 升高到 15mol/L 时，其吸附量呈现增长趋势，去除率降低幅度很小，而当继续增大初始浓度，吸附量增长幅度很小但去除率的降低幅度较大；当含磷溶液初始浓度为 25mol/L 时，其吸附量和去除率都较高。当继续增大初始溶液浓度，由于固定了添加量的沸石上的活性位点都已被占据，

吸附达到极限，吸附量逐渐趋于平衡，同时一定质量的沸石的吸附位点有限，因而去除率随初始溶液浓度提高而逐渐降低（李倩等，2015）。由此确定沸石对氟离子的吸附试验中最佳溶液初始浓度为 15mg/L，对磷酸根的吸附试验中最佳溶液初始浓度为 25mg/L。

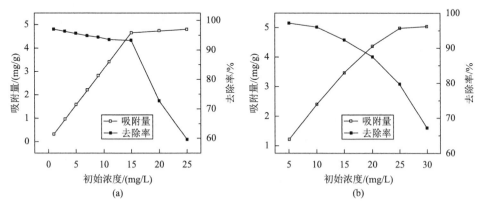

图 4-24　溶液初始浓度对吸附效果的影响

（a）氟；（b）磷

（3）溶液 pH 对吸附效果的影响

试验结果如图 4-25 所示，pH 对沸石对氟/磷的吸附量和去除率的影响有一定的差异。

由图 4-25（a）可以看到，当溶液 pH 在 3.00～6.00 时，沸石对氟的吸附量与 pH 呈正比关系。当 pH 继续升高时（由 6.00 至 9.00），吸附量则随 pH 增大反而出现了减小。造成上述结果的原因是当 pH 较低时，溶液中的 H^+ 可与部分氟离子生成 HF。随 pH 升高，除络合作用外，有部分 F^- 取代沸石表面羟基而吸附在沸石表面，还有一部分氟离子通过扩散作用进入孔道内部，与阳离子进行结合（李冰川，2015），而当 pH 较高时，溶液中的 OH^- 也会随之增多，氟离子与 OH^- 之间产生的竞争吸附就会造成吸附量的减低（程伟玉等，2017）。在 pH 为 6.00 时，吸附量和去除率均达到较高值，因此沸石对氟的吸附试验的 pH 确定为 6.00。

由图 4-25（b）可知，随着 pH 的降低，吸附量逐渐升高，当 pH 降到 4.40（原溶液）时，吸附量和去除率均较大。这是由于随着 pH 的降低，沸石表面 ≡Si—OH 带正电荷（≡Si—OH + H^+ = ≡Si—OH_2^+），根据静电吸附理论异性相吸的原理，沸石较易吸附携带磷酸盐的阴离子（赵增迎等，2005）。同时沸石

表面的 ≡Si—OH 与磷酸盐发生配位交换作用（≡Si—OH + $H_2PO_4^-$（HPO_4^{2-}）= ≡Si—OPO_3H_2（≡Si—OPO_3H^-）+ OH^-），而且沸石中存在的一些金属阳离子（如 Fe^{3+} 等），这些金属阳离子也会与磷酸盐发生复杂的化学反应而达到固磷作用（邵立荣，2018）。当 pH 过高时，溶液中的 OH^- 的增多，这就会与带负电荷的磷酸盐产生吸附的竞争，这就会造成吸附量下降（王丹赫，2018）。当溶液 pH 由 4.40（原水）降低至 3 时，其吸附量升高幅度微小，综合考虑，沸石对磷的吸附试验最佳 pH 确定为 4.40，即原溶液 pH。

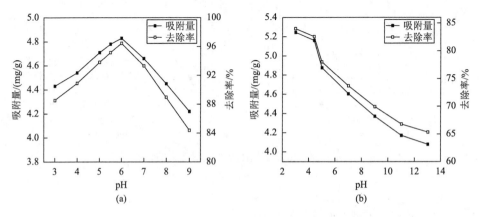

图 4-25　pH 对吸附效果的影响
(a) 氟；(b) 磷

(4) 振荡吸附时间对吸附效果的影响

试验结果如图 4-26 所示，随着吸附反应时间的不断延长，沸石对氟、磷的吸附量和去除率的变化趋势均为先增加后趋向平衡。

由图 4-26（a）可以看到，在 10～40min 内，沸石对含氟溶液中的氟的吸附量和去除率明显增大，40min 后吸附量及去除率的增长趋势放缓。当反应时间增加到 60min 时，吸附量和去除率达最高值，其值分别为 4.91mg/g 和 98.11%。由图 4-26（b）可以看到，在 10～60min 内，沸石对含磷溶液中磷的吸附量和去除率有很明显的增大，60～180min 吸附量和去除率增大的幅度慢慢放缓，并于 180min 后达到吸附平衡。当吸附反应时间在 180min 时，其吸附量和去除率达到最高值，分别为 6.17mg/g 和 98.78%。

综上分析确定，为使吸附反应较为充分进行，沸石对氟、磷的吸附试验中的振荡吸附时间分别确定为 60min 和 180min。

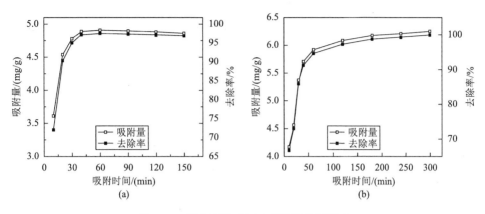

图 4-26 振荡吸附时间对吸附效果的影响
(a) 氟；(b) 磷

（5）吸附效果比较

分别利用煤矸石原样和合成的 NaA 沸石为吸附剂，在同样的吸附条件下对氟、磷进行吸附试验，计算吸附量，比较煤矸石与合成的 NaA 沸石在对氟、磷吸附性能上的差异。结果见图 4-27。

由图 4-27 可知，合成的 NaA 沸石相比于煤矸石原样，其对氟、磷的吸附效果大大增加，沸石对氟/磷的吸附量约为煤矸石对氟/磷的吸附量的 3~5 倍。

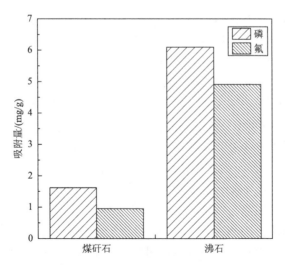

图 4-27 不同吸附剂吸附效果比较

这是因为合成的沸石同时具有微介孔，比原样有更大的比表面积，还有许多内表面很大的空穴，更有利于吸附的进行。

对于合成的 NaA 沸石，其对模拟含氟、含磷废水中 F^-、PO_4^{3-} 的吸附能力如下：0.15g 的 NaA 沸石对于 50mL 15mg/L 的含氟废水，在 pH 为 6.00 的条件下，其对 F^- 的去除率为 98.11%；0.2g 的 NaA 沸石对于 50mL 25mg/L 的含磷废水，在原溶液 pH 下（4.40），其除磷率为 98.78%。在以上实验条件下，氟以 F^- 形式存在，磷以 $H_2PO_4^-$ 形式存在（主要），$H_2PO_4^-$ 水和离子半径比 F^- 的半径大，其应具有较小的最大吸附量，但在具体实验中可以看到 $q_{max}(PO_4^{3-})>q_{max}(F^-)$，这说明半径或电荷量并非决定吸附的主要因素，还应从其吸附机理/模式考虑。具体吸附机理在本节（3）中已做讨论。

（6）吸附动力学研究

①吸附动力学试验

一组称取 0.15g NaA 沸石加入到含有 50.00mL 15mg/L 的含氟溶液的离心管中，调节 pH 为 6.00，在室温下以 230r/min 振荡不同时间后，离心抽滤取部分上清液，测定计算吸附后溶液中 F^- 浓度；另一组称取 0.20g 合成的 NaA 沸石加入到含有 50.00mL 25mg/L 的含磷溶液的离心管中，保持原溶液 pH，在室温下以 230r/min 振荡不同时间后，离心抽滤移取部分上清液，测定计算吸附后溶液磷浓度。

②吸附动力学曲线

通过对吸附动力学的分析讨论，能够对时间对吸附过程的影响进行进一步的了解，掌控好吸附达平衡的时间（夏彬，2018）。实验结果如图 4-28 所示。

由图 4-28（a）可知，吸附量随着吸附时间的延长呈现先快速增加后逐渐趋向平衡的趋势。在 0～40min 时，吸附量呈现出快速的增大，40min 后增大放缓并在 60min 时达到吸附平衡，此时吸附量达最大值为 4.91mg/g，由此本实验沸石对氟的吸附平衡时间确定为 60min。由图 4-28（b）可知，沸石对磷的吸附过程在整体上呈现先增加后趋于平衡的特点，在 10～120min 内，吸附量由 4.17mg/g 增加到 6.08mg/g，在振荡时间为 180min 时吸附量达到最大值 6.17mg/g，趋向平衡稳定状态，由此本实验沸石对磷的吸附平衡时间确定为 180min。

沸石的吸附性能与时间由上述变化的原因是反应的初始阶段，吸附点周围聚集存在着较高浓度的 PO_4^{3-}、F^-，F^- 和 PO_4^{3-} 迅速扩散被沸石所吸附，所以呈现"快速吸附"的现象。随着反应的进行，表面吸附点位会慢慢的减少，溶液中氟/磷浓度也在慢慢降低，吸附质需要进入沸石内部孔隙才会被吸附，因进入

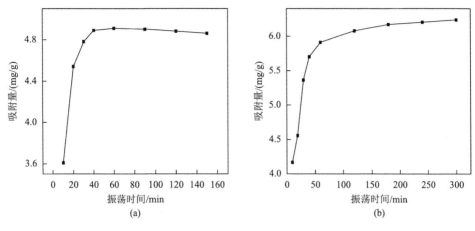

图 4-28　吸附动力学曲线

（a）氟；（b）磷

内部空隙的扩散较慢，随吸附反应的时间增加，吸附量的增加趋势也变得较为缓慢，直到逐渐达到平衡（王帅等，2014）。

③吸附动力学拟合

采用准一级、准二级动力学模型对实验结果进行拟合。拟合结果见图 4-29、图 4-30，表 4-10。颗粒内扩散方程拟合结果见图 4-31 及表 4-11。

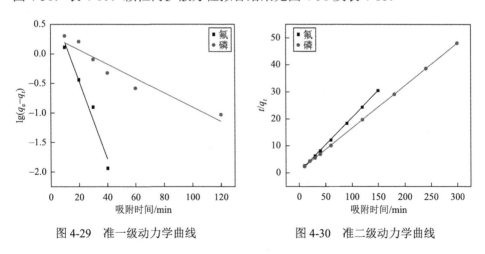

图 4-29　准一级动力学曲线　　　　图 4-30　准二级动力学曲线

由表 4-10 可知，NaA 沸石对氟/磷的吸附动力学结果与准一级模型拟合的相关系数 R^2 分别为 0.9644、0.9227，其值较低，而且通过准一级模型拟合出的饱和吸附量分别为 7.25mg/g 和 2.05mg/g，这与实验得到的吸附量值差距较大，这表明准一级动力学模型对沸石对氟、磷的动力学吸附过程拟合效果不佳。而与准二级模型拟合的相关系数 R^2 均大于 0.9991，呈极显著相关性，表明沸石对氟、磷的动力学吸附过程与其拟合相关性较好，表明化学吸附可能是影响 NaA 沸石对 F^-、PO_4^{3-} 的吸附反应速率的主要因素，而且通过此方程计算出的饱和吸附量值分别为 4.99mg/g 和 6.41mg/g，实验所得的吸附量值 4.91mg/g 和 6.17mg/g，两者数值大小接近。综上分析，宜用准二级动力学方程对该吸附过程进行描述。

表 4-10 动力学拟合参数

离子	$Q_{e,exp}$/(mg/g)	准一级方程参数			准二级方程参数		
		q_e/(mg/g)	k_1/(min^{-1})	R^2	q_e/(mg/g)	k_2/[g/(mg·min)]	R^2
F^-	4.91	7.25	0.15	0.9644	4.99	0.11	0.9996
PO_4^{3-}	6.17	2.05	0.03	0.9227	6.41	0.03	0.9991

由图 4-31 可知，该拟合曲线未过原点，整个吸附过程由三步组成。首先是表面扩散过程，此时氟离子和磷酸根被 NaA 沸石快速的吸附到其外表面上；然后是颗粒内扩散过程，此时氟离子和磷酸根进入 NaA 沸石的孔隙被吸附；最后因为溶液中氟/磷的浓度减少，吸附逐渐达到平衡状态。且由表 4-11 显示出的相关系数表明相关性较好。因此，沸石对 F^-、PO_4^{3-} 的吸附过程既受表面扩散影响，又受颗粒内扩散影响。

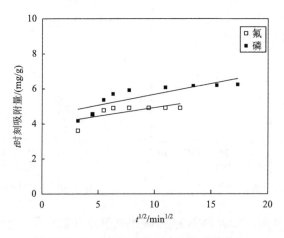

图 4-31 Weber-Morris 方程拟合曲线

表 4-11　颗粒内扩散方程拟合参数

离子	K_3	C	R^2
F^-	0.28	3.03	0.9050
PO_4^{3-}	0.13	4.45	0.7286

(7) 等温吸附研究

①等温吸附试验

一组称取 0.15g 合成的 NaA 沸石加入到装有 50.00mL 具有不同初始浓度的含氟溶液的离心管中，调节 pH 为 6.00，在室温下以 230r/min 振荡 60min 后，离心抽滤取部分上清液，测定计算氟离子浓度。另一组称取 0.20g 合成的 NaA 沸石加入到装有 50.00mL 具有不同浓度的含磷溶液的离心管中，原溶液 pH 下，在室温下以 230r/min 振荡 180min 后，离心抽滤取部分上清液，测定吸光度计算磷酸根浓度。

②等温吸附曲线

合成的 NaA 沸石对氟/磷的吸附等温线如图 4-32 所示。由图可知，在 F^-、PO_4^{3-} 的平衡浓度逐渐加大的过程中，NaA 沸石对 F^-、PO_4^{3-} 的吸附量也在增加，并在一定浓度后趋于平衡。随着含氟溶液的平衡浓度的增大（0.03～1.00mg/L），吸附量呈现快速增大趋势，当 $c_{e(F^-)}$ 增加到 1.00mg/L 之后，吸附量趋向平衡。

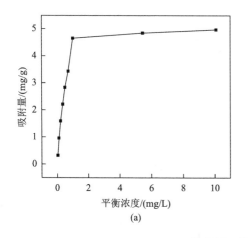
(a)

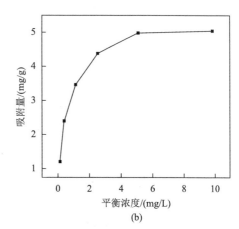
(b)

图 4-32　等温吸附曲线

(a) 氟；(b) 磷

而含磷溶液的吸附量也随着平衡浓度的加大（0.15～5.09mg/L）而呈现增大趋势，在 $c_{e(PO_4^{3-})}$ 增加到 5.09mg/L 后，吸附量随浓度变化较小，达到吸附饱和。

③吸附等温方程拟合

利用两种等温吸附模型对实验结果进行拟合。拟合结果见表 4-12、图 4-33、图 4-34、图 4-35。

由表 4-12 可以看出，两种模型拟合所得的相关系数中，Freundlich 模型的相关系数 R^2 分别为 0.8263 和 0.9112，其值较低，说明该模型对沸石对氟/磷的吸附行为拟合的相关性不佳；而 Langmuir 模型的 R^2 均大于 0.9986，这表明 Langmuir 模型适宜用来对沸石对氟、磷的吸附行为进行描述，说明沸石对氟、磷的吸附主要是单分子层吸附。利用 Langmuir 模型计算出的沸石对氟、磷的最大

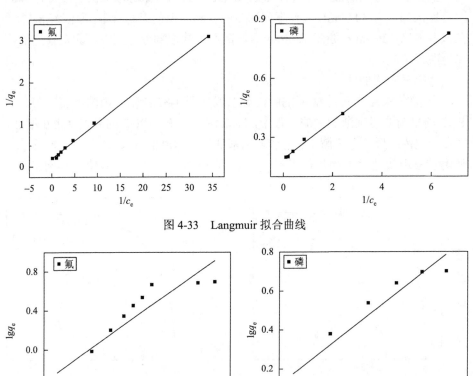

图 4-33　Langmuir 拟合曲线

图 4-34　Freundlich 拟合曲线

吸附量分别为 5.19mg/g 和 5.22mg/g。平衡参数 R_L 的范围分别在 0.0191~0.3279 和 0.0162~0.0897，其值均在 0~1 之间，说明其吸附较易进行。在 Freundlich 模型下计算出的 $1/n$ 值分别为 0.45 和 0.34，也表明吸附较易进行。

表 4-12　等温吸附拟合参数

离子名称	Langmuir 方程参数			Freundlich 方程参数		
	Q/(mg/g)	b/(L/mg)	R^2	$1/n$	k	R^2
氟	5.19	2.25	0.9986	0.45	3.06	0.8263
磷	5.22	2.03	0.9988	0.34	2.84	0.9112

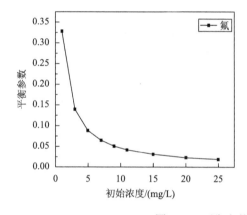 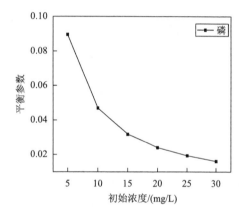

图 4-35　平衡参数与初始浓度关系图

（8）吸附前后 EDS 分析

在最优条件下完成吸附试验后，对 NaA 沸石、吸氟后的 NaA 沸石及吸磷后的 NaA 沸石进行能谱 EDS 分析，对 F^-、PO_4^{3-} 是否被吸附到沸石上进行进一步的确定，结果如表 4-13、图 4-36 所示。

表 4-13　NaA 沸石、吸氟后的 NaA 沸石及吸磷后的 NaA 沸石能谱分析结果

元素	O	Si	Al	Na	F	P
NaA 沸石/wt（%）	53.023	10.111	10.687	11.451	0.284	0.353
吸氟后沸石/wt（%）	52.062	11.310	11.957	11.473	1.404	0.388
吸磷后沸石/wt（%）	47.105	3.294	8.334	1.752	0.337	1.430

由 EDS 分析结果可知，在进行吸附试验后的沸石与吸附前的沸石相比，氟和磷元素的含量有明显的增加，这说明试验所合成的沸石对 F^-、PO_4^{3-} 具有一定的吸附效果。

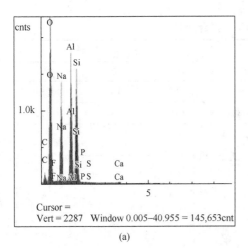

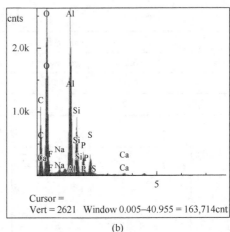

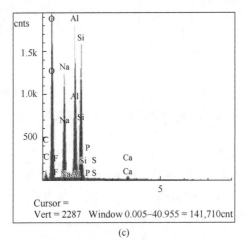

图 4-36　能谱分析图

（a）NaA 沸石；（b）吸氟实验后的 NaA 沸石；（c）吸磷后的 NaA 沸石

5. 本节小结

本实验研究讨论了吸附条件对吸附效果的影响，通过对吸附试验中的沸石浓度、溶液初始浓度、溶液 pH 及振荡吸附时间等条件进行优化探究，得出以下结论。

（1）NaA 沸石吸附 F^- 的最佳条件为：将 0.15g NaA 沸石与 15mg/L 含氟溶液混合，调节溶液 pH 至 6.00，在室温下以 230r/min 振荡 60min，此时 NaA 沸石对 F^- 的吸附量和去除率达最高值，分别为 4.91mg/g 和 98.11%。

（2）NaA 沸石吸附 PO_4^{3-} 的最佳条件为：将 0.20g NaA 沸石与 25mg/L 含磷溶液混合，在原溶液 pH 下，在室温下以 230r/min 振荡 180min，此时 NaA 沸石对 PO_4^{3-} 的吸附量和去除率达最高值，分别为 6.17mg/g 和 98.78%。

（3）沸石对 F^-、PO_4^{3-} 的吸附动力学拟合结果表明：准二级模型与吸附动力学过程拟合相关性较高，计算出的饱和吸附量值分别为 4.99mg/g 和 6.41mg/g，实验所得的吸附量值为 4.91mg/g 和 6.17mg/g，两者数据大小较接近，表明化学吸附可能是影响 NaA 沸石对 F^-、PO_4^{3-} 的吸附反应速率的主要因素。颗粒内扩散模型拟合结果表明 NaA 沸石对 F^-、PO_4^{3-} 的吸附受表面扩散和颗粒内扩散的影响。

（4）沸石对 F^-、PO_4^{3-} 的等温吸附方程拟合结果表明：Langmuir 模型的 R^2 均大于 0.9986，适宜用来对沸石对氟、磷的吸附行为进行描述，表明沸石对氟、磷的吸附主要是单分子层吸附。由 Langmuir 模型计算出的最大吸附量分别为 5.19mg/g 和 5.22mg/g。平衡参数 R_L 的范围分别在 0.0191~0.3279 和 0.0162~0.0897，其值均在 0~1 之间，表明其吸附较易进行。在 Freundlich 模型下计算出的 $1/n$ 值分别为 0.45 和 0.34，也表明吸附较易进行。

（5）通过煤矸石与合成的 NaA 沸石对氟离子和磷酸根离子的吸附比较可知，在相同条件下 NaA 沸石对 F^-、PO_4^{3-} 的吸附量与原煤矸石相比提高了 3~5 倍，说明合成的沸石对本实验条件下的模拟废水中 F^-、PO_4^{3-} 的吸附性能较好。

4.2　X 型沸石的吸附性能及机理探讨

4.2.1　煤矸石合成 X 型沸石对铜、汞离子的吸附研究

1. 引言

煤炭作为我国的主要能源，开采量和消耗量巨大。其中煤矸石的堆积及煤炭预处理的洗煤流程，均会产生含有大量重金属的有害物质。大量的重金属未

达标排放，造成的水体、土壤污染，给国家造成了极大的经济损失，也使得煤炭行业水资源更为紧缺，严重制约着煤炭生产的发展（陈冠邑，2011）。如何处理重金属离子成为当前需要解决的环境问题，而以煤矸石为原料合成沸石吸附剂通过吸附分离法处理废水、土壤等中重金属最有效的方法之一，实现以废治废。因此本章以 X 型沸石为吸附剂，Cu^{2+}、Hg^{2+}为研究对象，探究 X 型沸石对 Cu^{2+}、Hg^{2+}的吸附性能。

2. 实验方法

分别取一定量制备后的 X 型沸石于离心管中，加入含汞离子的溶液 25mL，在一定条件下振荡抽滤，取上清液。采用化学消化法通过双光数显测汞仪对吸附后溶液中 Hg^{2+}含量进行测定。测其吸光度，代入每次测定的标准曲线线性回归方程，得到其吸附后 Hg^{2+}离子的浓度，并计算 X 型沸石对 Hg^{2+}溶液的平衡吸附量 q_e（mg/g）和去除率 η（%）。

$$q_e = \frac{(c_0 - c) \times V}{m} \tag{4.7}$$

$$\eta = \frac{c_0 - c}{c_0} \times 100\% \tag{4.8}$$

式中；c_0 为初始溶液中 Cu^{2+}、Hg^{2+}质量浓度，mg/L；c 为吸附后溶液中 Cu^{2+}、Hg^{2+}质量浓度，mg/L；m 为 X 型沸石吸附剂投加量，g；V 为 Cu^{2+}、Hg^{2+}溶液的体积，L。

X 型沸石投加量对吸附的影响情况如下。

取两组 50mL 离心管于试管架上，一组分别称取 0.02g、0.05g、0.1g、0.2g、0.3g、0.4g、0.5g、0.6g 的 X 型沸石置于离心管中，加入 25mL 浓度为 300mg/L 的含 Cu^{2+}溶液，用稀盐酸或稀氢氧化钠调节溶液 pH 为 3；另一组分别称取 0.02g、0.05g、0.1g、0.15g、0.2g、0.25g、0.3g 的 X 型沸石置于离心管中，加入 25mL 浓度为 200mg/L 的含 Hg^{2+}溶液，调节溶液 pH 为 4；最后在室温以 250r/min 条件下振荡 2.0h，离心抽滤，取上清液测定计算吸附后 Cu^{2+}、Hg^{2+}离子浓度，确定 X 型沸石对 Cu^{2+}、Hg^{2+}的最佳吸附条件实验结果如图 4-37 所示。

如图 4-37 可知：随着 X 型沸石投加量的增加，X 型沸石对 Cu^{2+}、Hg^{2+}的吸附量与去除率变化呈负相关，最后趋于平缓。

如图 4-37（a）所示，当吸附含 Cu^{2+}溶液的 X 型沸石投加量从 0.02g 增加至 0.3g 时，对含 Cu^{2+}溶液的去除率有明显的增大趋势而吸附量减小；当 X 型沸石投加量为 0.3g 时,对 Cu^{2+} 的去除率达到最大值 74.84%,此时吸附量为 60.47mg/g;继续添加投加量,去除率趋于平稳最后基本不变,但吸附量仍有下降趋势。当 X 型沸石投加量为 0.1g 时,去除率和吸附量分别为 60.49%、118.52mg/g,此时去除率与吸附量都达到相对较大值。

如图 4-37(b)所示,在 X 型沸石对 Hg^{2+} 的吸附实验中,去除率随投加量的增加而持续增大,而后趋于平稳,但吸附量逐渐减低;在投加量为 0.1g 时,达到去除率最大值 80.97%,其吸附量为 80.97mg/g。

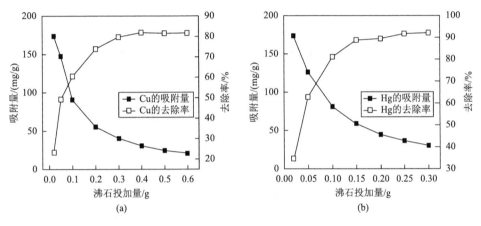

图 4-37 X 型沸石投加量对 Cu^{2+}、Hg^{2+} 吸附的影响

(a)Cu^{2+};(b)Hg^{2+}

吸附量逐渐降低是因为随着投加量的增加,溶液初始浓度及其他条件不变,溶液中的 Cu^{2+}、Hg^{2+} 逐渐达到饱和;增加吸附剂的添加量,则其所含有的活性吸附点位也会相应地增加,从而对吸附质的吸附总量会增加,去除率升高,吸附效果更好(朱鹤等,2018)。综合以上分析:确定 X 型沸石吸附剂对 Cu^{2+}、Hg^{2+} 的吸附试验中最佳投加量均为 0.1g。

3. X 型沸石对 Cu^{2+}、Hg^{2+} 的吸附条件研究

(1)溶液初始浓度对 X 型沸石吸附的影响

取两组 50mL 离心管于试管架上,称取 0.1g 的 X 型沸石置于离心管中;分别加入 25mL 浓度为 25mg/L、50mg/L、100mg/L、150mg/L、200mg/L、300mg/L、400mg/L 的 Cu^{2+}、Hg^{2+} 溶液;一组将含 Cu^{2+} 的溶液用稀盐酸或稀氢氧化钠调节

pH 为 3；另一组调节 Hg^{2+} 的溶液 pH 为 4；最后在室温以 250r/min 条件下振荡 2.0h；离心抽滤，取上清液测定计算吸附后 Cu^{2+}、Hg^{2+} 的浓度，确定 X 型沸石对 Cu^{2+}、Hg^{2+} 的最佳吸附条件实验结果如图 4-38 所示。

如图 4-38 所示：X 型沸石吸附剂对 Cu^{2+}、Hg^{2+} 的吸附量随初始浓度的增加而增大后变化趋于平缓，而对应的去除率逐渐降低。

从图 4-38（a）可知，当含 Cu^{2+} 的溶液初始浓度由 25mg/L 增加到 300mg/L 时，吸附量明显增大，大于 300mg/L 后增幅变化不大，而去除率在持续减小；在初始浓度为 300mg/L 时，X 型沸石对 Cu^{2+} 离子吸附量达到最大值 91.02mg/g，其去除率为 60.68%。

从图 4-38（b）可知，随 Hg^{2+} 的浓度增大，吸附量也逐渐增大，在 Hg^{2+} 浓度为 100mg/L～300mg/L 时，随着浓度升高去除率急剧下降；在初始浓度为 200mg/L 时，其吸附量及去除率相对较佳。

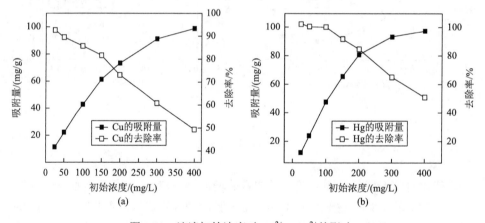

图 4-38　溶液初始浓度对 Cu^{2+}、Hg^{2+} 的影响
(a) Cu^{2+}；(b) Hg^{2+}

溶液的初始浓度越高，吸附剂的单位吸附量相应就会越高，因为在较低的初始溶质浓度，溶质的初始值与可用吸附表面积的比值低，随着溶液浓度的增加，溶液和吸附剂表面结合位点的浓度之差增大，吸附量增加。而去除率随着溶液初始浓度的增加逐渐减少，沸石对重金属的吸附逐渐达到饱和，吸附量增加幅度越来越少。综合以上分析：确定 X 型沸石吸附剂对 Cu^{2+} 离子的吸附试验中最佳初始浓度为 300mg/L，对 Hg^{2+} 离子最佳初始浓度为 200mg/L。

（2）溶液初始 pH 对 X 型沸石吸附的影响

取两组 50mL 离心管于试管架上，称取 0.1g 的 X 型沸石置于离心管中；一组加入 25mL 浓度为 300mg/L 的 Cu^{2+} 溶液，用稀盐酸或稀氢氧化钠分别调节 pH 为 2、3、4、5、6、7、8、9；另一组加入 25mL 浓度为 200mg/L 的 Hg^{2+} 溶液，用稀盐酸或稀氢氧化钠分别调节 pH 为 2、3、4、5、6、7、8；最后在室温以 250r/min 条件下振荡 2.0h；离心抽滤，取上清液测定计算吸附后 Cu^{2+}、Hg^{2+} 离子浓度，确定 X 型沸石对 Cu^{2+}、Hg^{2+} 的最佳吸附条件实验结果如图 4-39 所示。

溶液的 pH 在重金属离子的吸附过程中，是最重要的控制参数之一。溶液 pH 不仅影响金属配合物的稳定性，也会影响吸附剂的表面结构和吸附位点（Monier et al.，2010），溶液的 pH 影响重金属在溶液中的赋存形态，金属离子在溶液中可形成羟基配合物（Hui K S et al.，2005）。

由图 4-39 可知：溶液 pH 的变化对 Cu^{2+}、Hg^{2+} 的吸附有明显的不同，Cu^{2+} 的吸附量和去除率随着 pH 的增大持续增大，Hg^{2+} 的吸附量和去除率随着 pH 的增大呈现先增大再减小的趋势。

从图 4-39（a）可以看出，溶液 pH 对 X 型沸石的吸附 Cu^{2+} 性能影响显著，在 pH = 6 时，对 Cu^{2+} 的吸附能行最为良好。在 pH 较小时，溶液中 H^+ 会与表面同样带正电荷的金属离子争夺沸石表面的结合位点，与 Cu^{2+} 发生竞争吸附，影响对 Cu^{2+} 的吸附效率。随着 pH 的逐步升高，溶液中的 H^+ 基团迅速减少，对 Cu^{2+} 的吸附效率快速上升。在 pH = 6 时，达到最佳吸附，吸附量为 146.93mg/g，去除率为 97.95%。在随着 pH 的继续升高，Cu^{2+} 将与溶液中的 OH^- 生成沉淀，之后的去除率主要是沉淀作用而非吸附材料的吸附作用，影响实验判断。

从图 4-39（b）可以看出，在 pH<5 时，对 Hg^{2+} 的吸附量呈上升趋势，去除率在 80%左右，这是由于在酸性溶液体系中，沸石表面存在 H^+，与 Hg^{2+} 存在竞争吸附；pH 为 5 时，吸附量和去除率达到最大值（95.66mg/g、95.66%）；在 pH>5 时，吸附容量和去除率呈下降趋势，这可能归因于随着 pH 增大，X 型沸石表面负电荷密度增加，吸附位点的去质子化作用导致 X 型沸石对 Hg^{2+} 的吸附能力下降。

综合以上分析：确定 X 型沸石吸附剂对 Cu^{2+} 离子的吸附试验中最佳初始 pH 为 6，对 Hg^{2+} 离子最佳初始 pH 为 5。

（3）溶液振荡频率对 X 型沸石吸附的影响

取两组 50mL 离心管于试管架上，称取 0.1g 的 X 型沸石置于离心管中；一组加入 25mL 浓度为 300mg/L 的 Cu^{2+} 溶液，用稀盐酸或稀氢氧化钠溶液分别调节 pH 为 6；另一组加入 25mL 浓度为 200mg/L 的 Hg^{2+} 溶液，用稀盐酸或稀氢氧化

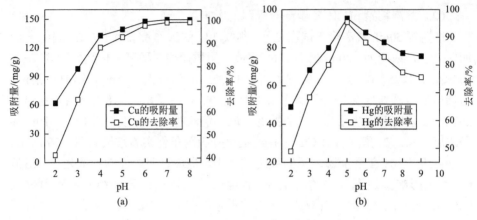

图 4-39 溶液初始 pH 对 Cu^{2+}、Hg^{2+} 的影响

(a) Cu^{2+}；(b) Hg^{2+}

钠分别调节 pH 为 5；最后在室温分别以 100r/min、150r/min、175r/min、200r/min、225r/min、250r/min、275r/min、300r/min 条件下振荡 2.0h；离心抽滤，取上清液测定计算吸附后 Cu^{2+}、Hg^{2+} 浓度，确定 X 型沸石对 Cu^{2+}、Hg^{2+} 的最佳吸附条件实验结果如图 4-40 所示。

在 X 型沸石对吸附实验中 Cu^{2+}、Hg^{2+} 中，振荡频率对吸附剂与吸附质的接触影响较大，振荡频率增大，加快 Cu^{2+}、Hg^{2+} 离子在孔道中的传输速率，增大了与吸附团的接触机会，提高了吸附量。

由图 4-40 可知：X 型沸石对 Cu^{2+}、Hg^{2+} 的吸附量及去除率随振荡频率增大呈现先增大再减小的趋势。

从图 4-40（a）可以看出，溶液振荡频率在 100~225r/min 时，X 型沸石对 Cu^{2+} 吸附量及去除率显著增大；在振荡频率为 225r/min 时，吸附量和去除率均达到最大值（148.82mg/g、99.21%）；继续增加振荡频率，吸附量及去除率降低，但幅度较小。

从图 4-40（b）可以看出，当振荡频率为 200r/min 时，X 型沸石对 Hg^{2+} 吸附量和去除率均达到最大值（96.21mg/g、96.21%）。

综合以上分析：确定 X 型沸石吸附剂对 Cu^{2+} 的吸附试验中最佳振荡频率为 225r/min，对 Hg^{2+} 最佳振荡频率为 200r/min。

（4）溶液振荡时间对 X 型沸石吸附的影响

取两组 50mL 离心管于试管架上，称取 0.1g 的 X 型沸石置于离心管中；一组加入 25mL 浓度为 300mg/L 的 Cu^{2+} 溶液，用稀盐酸或稀氢氧化钠溶液分别调节

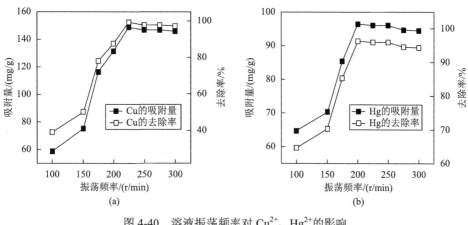

图 4-40　溶液振荡频率对 Cu^{2+}、Hg^{2+} 的影响

(a) Cu^{2+}；(b) Hg^{2+}

pH 为 6，在室温以 225r/min 振荡；另一组加入 25mL 浓度为 200mg/L 的 Hg^{2+} 溶液，用稀盐酸或稀氢氧化钠溶液分别调节 pH 为 5；在室温以 200r/min 振荡；分别振荡 10min、20min、30min、45min、60min、90min、120min、150min、180min、210min、260min，离心抽滤，取上清液测定计算吸附后 Cu^{2+}、Hg^{2+} 的浓度，确定 X 型沸石对 Cu^{2+}、Hg^{2+} 的最佳吸附条件实验结果如图 4-41 所示。

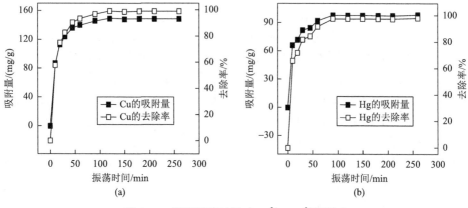

图 4-41　溶液振荡时间对 Cu^{2+}、Hg^{2+} 的影响

(a) Cu^{2+}；(b) Hg^{2+}

通过观察接触时间对吸附的影响，可了解吸附过程中吸附达到平衡所需要的时间，从而掌控实际应用中的反应时间。

由图 4-41 可知：在不同的吸附时间下，X 型沸石对 Cu^{2+}、Hg^{2+} 的吸附性能随时间增长逐步升高后缓慢减弱趋于平缓，达到平衡。

从图 4-41（a）可以看出，X 型沸石对 Cu^{2+} 的吸附量及去除率在前 60min 迅速增加，振荡时间在 60～90min 时增加幅度逐渐减小，在时间为 120min 时吸附量及去除率均达到最大值（148.66mg/g、99.11%），在 120min 后趋于平缓，达到吸附平缓；而从图 4-41（b）可以看出，X 型沸石对 Hg^{2+} 的吸附量及去除率随振荡时间增加先急剧增加后增幅减小，在振荡时间为 90min 时吸附容量及去除率均达到最大值（97.43mg/g、97.43%），最后趋于稳定。

综合以上分析：虽然吸附在较短时间内即可达到平衡，但为确保吸附实验完全进行，最终确定 X 型沸石吸附剂对 Cu^{2+}、Hg^{2+} 的吸附试验中最佳振荡时间均为 120min。

4. X 型沸石对 Cu^{2+}、Hg^{2+} 的吸附动力学研究

（1）吸附动力学实验

取一组 50mL 离心管于试管架上，称取 0.1g 的 X 型沸石置于离心管中；加入 25mL 浓度为 300mg/L 的 Cu^{2+} 溶液，用稀盐酸或稀氢氧化钠溶液分别调节 pH 为 6，在室温以 225r/min 频率分别振荡 0min、45min、60min、90min、120min、150min、180min、210min、260min；离心抽滤，取上清液。采用电感耦合等离子体发射光谱法对吸附后溶液中 Cu^{2+} 含量进行测定，直接读出吸附后 Cu^{2+} 的浓度，并按公式（4.7）计算 X 型沸石对 Cu^{2+} 溶液的平衡吸附量 q_e（mg/g）。

取一组 50mL 离心管于试管架上，称取 0.1g 的 X 型沸石置于离心管中；加入 25mL 浓度为 200mg/L 的 Hg^{2+} 溶液，用稀盐酸或稀氢氧化钠溶液分别调节 pH 为 5；在室温以 200r/min 频率分别振荡 0min、45min、60min、90min、120min、150min、180min、210min、260min；离心抽滤，取上清液，采用化学消化法通过双光数显测汞仪对吸附后溶液中 Hg^{2+} 含量进行测定。测其吸光度，代入每次测定的标准曲线线性回归方程，得到其吸附后 Hg^{2+} 的浓度，并计算 X 型沸石对 Hg^{2+} 溶液的平衡吸附量 q_e（mg/g）。

（2）吸附动力学曲线

吸附动力学研究的是吸附过程随吸附时间变化的关系，能够形象描述吸附过程中物质的传递和扩散速率的变化，可通过拟合吸附数据可以得到各吸附动力学参数信息（程婷等，2013）。实验结果如图 4-42 所示。

由图 4-42 可知：在不同的吸附时间下，X 型沸石对 Cu^{2+}、Hg^{2+} 的吸附性能

随时间增长逐步升高后缓慢减弱趋于平缓，达到平衡。因为吸附初期，X 型沸石表面吸附位点多，溶液浓度大，传质动力大，Cu^{2+}、Hg^{2+}迅速扩散到 X 型沸石表面，充满沸石内的孔隙，与吸附剂结构的活性吸附点进行络合，随着振荡时间的延长逐渐达到饱和，吸附量减小并趋于稳定。

从图 4-42（a）可以看出，X 型沸石对 Cu^{2+}的吸附量在吸附时间为 0~60min 之间迅速增加，吸附量由 29.38mg/g 增加到 144.27mg/g，这是一个快速吸附的过程；吸附时间在 90~120min 时，增加幅度逐渐减小，在时间为 120min 时吸附量达到最大值 148.66mg/g，在 120~180min 趋于平缓，达到吸附平缓。所以确定 X 型沸石对 Cu^{2+}的吸附平衡时间为 120min。

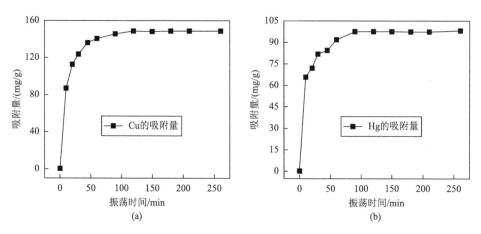

图 4-42　X 型沸石对 Cu^{2+}、Hg^{2+}的吸附动力学曲线

（a）Cu^{2+}；（b）Hg^{2+}

从图 4-42（b）可以看出，X 型沸石对 Hg^{2+}的吸附量及去除率随振荡时间增加先增加后减小，在振荡时间为 90min 时吸附容量及去除率均达到最大值 97.43mg/g，最后在时间为 120min 时趋于稳定，达到吸附平衡。所以所以确定 X 型沸石对 Hg^{2+}的吸附平衡时间为 120min。

（3）吸附动力学模型

吸附动力学模型能有效地表征吸附过程，良好的吸附动力学数据相关性，可用于说明赤峰地区煤矸石合成 X 型沸石对 Cu^{2+}、Hg^{2+}的吸附机理。吸附实验所得数据采用准一级动力学模型、准二级动力学模型及 Weber-Morris 颗粒内扩散模型进行描述。

①准一级动力学模型，采用 Lagergren 方程式进行计算：

$$\ln(q_e - q_t) = \ln q_{e,1} - \frac{k_1}{2.303}t \tag{4.9}$$

式中：q_e 为平衡时吸附量，mg/g；q_t 为 t 时刻吸附量，mg/g；$q_{e,1}$ 为准一级方程拟合计算的理论平衡吸附量；k_1 为准一级吸附速率常数，L/min。以 t 为横坐标，$\ln(q_e-q_t)$ 为纵坐标作图，由斜率和截距计算 k_1 和 $q_{e,1}$。

②准二级动力学模型：

$$\frac{t}{q_t} = \frac{1}{k_2 q_{e,2}^2} + \frac{1}{q_{e,2}}t \tag{4.10}$$

式中：q_t 为 t 时刻吸附量，mg/g；$q_{e,2}$ 为准一级方程拟合计算的理论平衡吸附量；k_2 为准二级吸附速率常数，L/min。以 t 为横坐标，t/q_t 为纵坐标作图，由斜率和截距计算 k_2 和 $q_{e,2}$。

③Weber-Morris 颗粒内扩散模型：

$$q_t = k_{ip} t^{1/2} + C \tag{4.11}$$

式中：q_t 为 t 时刻吸附量，mg/g；k_{ip} 为颗粒内扩散常数，mg/(g·min$^{1/2}$)；C 为与表界后的有关的常数。以 $t^{1/2}$ 为横坐标，q_t 为纵坐标作图，由斜率和截距计算 k_{ip} 和 C。

模型中准一级方程假设吸附受扩散影响，适用于各种吸附过程，但实际中吸附较慢，耗时长，不能精准描述吸附过程。准二级方程假设吸附受化学吸附控制，吸附质和吸附剂存在共用电子对或存在电子转移。韦伯-莫里斯颗粒内扩散模型适用于描述多孔介质吸附过程。

（4）吸附动力学方程拟合

本实验 X 型沸石对 Cu^{2+}、Hg^{2+} 吸附的准一级动力学曲线如图 4-43 所示；准二级动力学曲线如图 4-44 所；相应的拟合参数如表 4-14 所示。

由表 4-14 可知：X 型沸石对 Cu^{2+}、Hg^{2+} 的动力学吸附过程与准一级动力学线性相关系数 R^2 均小于 0.9259，说明相关性较差，计算所得的饱和吸附量 q_e 与实验所得平衡时饱和吸附量（$q_{e,\exp}$）存在较大差异。准一级吸附速率常数 k_1 为：0.0525～0.0599，X 型沸石对 Cu^{2+}、Hg^{2+} 的吸附不符合准一级反应；而准二级动力学相关系数均接近 1（$R^2 \geqslant 0.9993$），模拟得出的饱和吸附量与实验所得结果高度接近，说明 Cu^{2+}、Hg^{2+} 在 X 型沸石上的吸附速率可能受化学吸附影响。

综上所述：可以用准二级动力学方程对 X 型沸石对 Cu^{2+}、Hg^{2+} 的吸附动力学过程进行最优的描述。

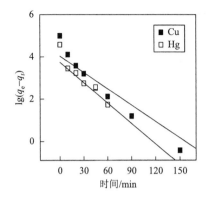

图 4-43 准一级动力学曲线

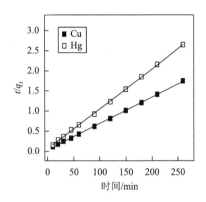

图 4-44 准二级动力学曲线

表 4-14 动力学拟合参数

金属离子	$q_{e, exp}$/(mg/g)	准一级吸附方程			准二级吸附方程		
		k_1/(min^{-1})	$q_{e, 1}$/(mg/g)	R^2	k_2/[g/(mg·min)]	$q_{e, 2}$/(mg/g)	R^2
Cu^{2+}	148.66	0.0599	53.37	0.9259	0.0014	151.5	0.9994
Hg^{2+}	97.34	0.0525	23.17	0.6440	0.0021	100.0	0.9993

X 型沸石吸附剂对 Cu^{2+}、Hg^{2+} 吸附的颗粒内扩散方程拟合曲线如图 4-45 所示；相应的拟合参数如表 4-15 所示。

表 4-15 X 型沸石吸附 Cu^{2+}、Hg^{2+} 的颗粒内扩散方程拟合参数（0~90min）

金属离子	Weber-Morris 方程参数		
	k_{ip}/[mg/(g·min$^{1/2}$)]	C	R^2
Cu^{2+}	18.27	12.97	0.9269
Hg^{2+}	11.39	13.57	0.8821

实验数据显示在相同温度下，吸附时间为 0~90min，以 q_t 为纵坐标，$t^{1/2}$ 为横坐标作图，如图 4-45 可知，X 型沸石吸附剂对 Cu^{2+}、Hg^{2+} 吸附的颗粒内扩散方程拟合曲线均为不过原点的直线；如表 4-15，通过相关系数可知其具有良好的相关性。因此达到平衡前的吸附速率控制不仅只受颗粒内扩散影响。

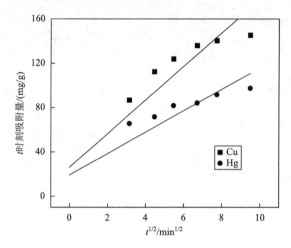

图 4-45　Weber-Morris 方程拟合曲线

5. X 型沸石对 Cu^{2+}、Hg^{2+} 的吸附等温研究

（1）吸附等温实验

取一组 50mL 离心管于试管架上，称取 0.1g 的 X 型沸石置于离心管中；加入 25mL 不同浓度的 Cu^{2+} 溶液，用稀盐酸或稀氢氧化钠溶液分别调节 pH 为 3，在室温以 225r/min 频率分别振荡 120min；离心抽滤，取上清液。采用电感耦合等离子体发射光谱法对吸附后溶液中 Cu^{2+} 含量进行测定，直接读出吸附后 Cu^{2+} 的浓度，并按公式（4.7）计算 X 型沸石对 Cu^{2+} 溶液的平衡吸附量 q_e（mg/g）。

取一组 50mL 离心管于试管架上，称取 0.1g 的 X 型沸石置于离心管中；加入 25mL 不同浓度的 Hg^{2+} 溶液，用稀盐酸或稀氢氧化钠溶液分别调节 pH 为 4；在室温以 200r/min 频率分别振荡 120min；离心抽滤，取上清液。采用化学消化法通过双光数显测汞仪对吸附后溶液中 Hg^{2+} 离子含量进行测定。测其吸光度，代入每次测定的标准曲线线性回归方程，得到其吸附后 Hg^{2+} 的浓度，并计算 X 型沸石对 Hg^{2+} 溶液的平衡吸附量 q_e（mg/g）。

（2）吸附等温曲线

吸附等温曲线是由于描述一定温度下溶质分子在两相界面上进行吸附过程达到平衡时它们在两相中浓度之间的关系（王静等，2015；Hui K S et al.，2005）。X 型沸石吸附剂对 Cu^{2+}、Hg^{2+} 的吸附等温曲线如图 4-46 所示。

如图 4-46 所示：X 型沸石吸附剂对 Cu^{2+}、Hg^{2+} 的吸附量随平衡浓度的增加而增大后变化趋于平缓,变化趋势基本一致。从图4-46(a)可知,当含Cu^{2+}溶液平衡浓度由1.872mg/L 增加到117.9mg/L 时,吸附量明显增大,大于117.9mg/L 后增幅变化不大,趋于平缓。从图4-46(b)可知,随Hg^{2+}浓度增大,在Hg^{2+}浓度为0.625～113.9mg/L 时,吸附量也逐渐增大,之后随着浓度升高吸附量增幅不大,达到吸附饱和。

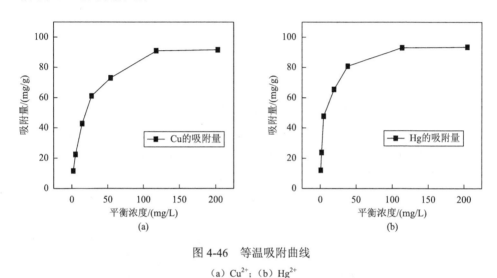

图4-46 等温吸附曲线

(a) Cu^{2+};(b) Hg^{2+}

(3) 吸附等温模型

本实验探究通过 Langmuir、Freundlich 等温吸附模型进行拟合处理,描述 X 型沸石吸附剂对 Cu^{2+}、Hg^{2+} 吸附行为。

①Langmuir 等温吸附模型

$$\frac{c_e}{q_e} = \frac{c_e}{q_{max}} + \frac{1}{q_{max}b} \tag{4.12}$$

式中:c_e 为吸附质平衡质量浓度,mg/L;q_e 为吸附平衡时的吸附量;b 为 Langmuir 吸附系数,L/mg;q_{max} 表示吸附剂的饱和吸附量。

在 Langmuir 吸附等温模型中常用分离因子常数 R_L 来判断反应是否容易进行,R_L 可由方程(4.7)计算得到:

$$R_L = \frac{1}{1+bc_0} \tag{4.13}$$

式中,R_L 为平衡参数;c_0 为溶液初始浓度,mg/L。

②Freundlich 等温吸附模型

$$\ln q_e = \ln k + \frac{1}{n}\ln c_e \tag{4.14}$$

式中：k、n 为与吸附有关的常数。当 $1/n$ 在 0.1～0.5 时表示易于吸附；大于 2 时则难以吸附。

其中 Langmuir 吸附等温模型常用来描述单分子层吸附，该模型中的平衡参数 R_L 可反应吸附剂对吸附质的吸附是否易于进行，$0<R_L<1$ 适宜吸附；$R_L=1$ 为可逆吸附 $R_L=0$ 为不可逆吸附；$R_L>1$ 不适宜吸附；Freundlich 等温吸附方程可描述吸附剂表面非均相多分子层吸附过程。

(4) 吸附等温线拟合

本实验 X 型沸石对 Cu^{2+}、Hg^{2+} 吸附通过 Langmuir、Freundlich 等温吸附模型进行拟合处理，相应的拟合参数及拟合曲线如表 4-16、图 4-47 所示。

如表 4-16 可知：X 型沸石对 Cu^{2+}、Hg^{2+} 进行 Langmuir 等温吸附模型拟合。实验结果显示：对 Cu^{2+}、Hg^{2+} 吸附其相关系数 R^2 均大于 0.9992，说明 Langmuir 可以很好地描述 X 型沸石对 Cu^{2+}、Hg^{2+} 的吸附行为，主要吸附为单分子层的化学吸附。通过计算 X 型沸石对 Cu^{2+}、Hg^{2+} 的最大吸附量分别为 109.9mg/g 和 100.0mg/g，R_L 范围分别是 0.0875～0.0056 和 0.0172～0.2185，均在 0～1 之间，说明 X 型沸石对 Cu^{2+}、Hg^{2+} 的吸附较容易进行。在 Freundlich 吸附等温模型中，X 型沸石对 Cu^{2+}、Hg^{2+} 的吸附，Cu^{2+} $1/n$ 值为 0.5103，吸附较为容易；Hg^{2+} $1/n$ 值为 0.3417，吸附也极易进行。但 X 型沸石对 Cu^{2+}、Hg^{2+} 吸附过程复杂，多为各种吸附方式同时进行。

表 4-16　X 型沸石对 Cu^{2+}、Hg^{2+} 吸附的等温模型拟合参数

金属离子	Langmuir 方程参数			Freundlich 方程参数		
	Q_{max}/(mg/g)	b/(L/mg)	R^2	$1/n$	k	R^2
Cu^{2+}	109.9	0.41724	0.9995	0.5103	8.622	0.9226
Hg^{2+}	100.0	0.14314	0.9992	0.3417	19.63	0.9020

6. 吸附前后的能谱分析

EDS 能谱可以对样品表面的元素进行定量分析。为了检验 Cu^{2+}、Hg^{2+} 是否被吸附到 X 型沸石上，对合成的 X 型沸石、吸附 Cu^{2+}、Hg^{2+} 后的 X 型沸石进行了 EDS 分析，所得能谱如图 4-48 所示，各元素变化情况如表 4-17 所示。

第 4 章 煤矸石合成沸石的吸附性能及机理探讨

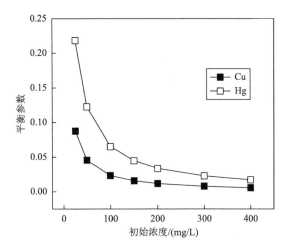

图 4-47 平衡参数与初始浓度的关系

如表 4-17 可知：吸附后的 X 型沸石与 X 型沸石相比，Cu^{2+}、Hg^{2+}元素含量明显增大，说明 X 型沸石对 Cu^{2+}、Hg^{2+}具有一定的吸附效果，与前面的实验结果相符合。

表 4-17　X 型沸石、吸附 Cu^{2+}、Hg^{2+}后的 X 型沸石的 EDS 分析结果

元素	O	Si	Al	Na	Cu	Hg
X 型沸石/wt%	62.288	7.796	14.546	15.254	0.013	0.004
Cu^{2+}/wt%	61.764	6.297	14.835	15.226	1.874	0.003
Hg^{2+}/wt%	63.942	6.319	14.306	14.295	0.012	1.127

7. X 型沸石的再生实验研究

（1）X 型沸石吸附剂再生剂的优化

沸石分子筛的再生一般有氮气置换、加热和抽真空再生三种方式（陈淑花，2017），吸附剂的再生所选用的再生剂至关重要，既要考虑其经济性又要避免二次污染。本实验的再生剂选用 HCl（0.1mol/L）、NaOH（0.1mol/L）、EDTA（0.1mol/L）和二次蒸馏水。共四种再生剂对吸附后的 X 型沸石进行再生，实验结果如图 4-49 所示。

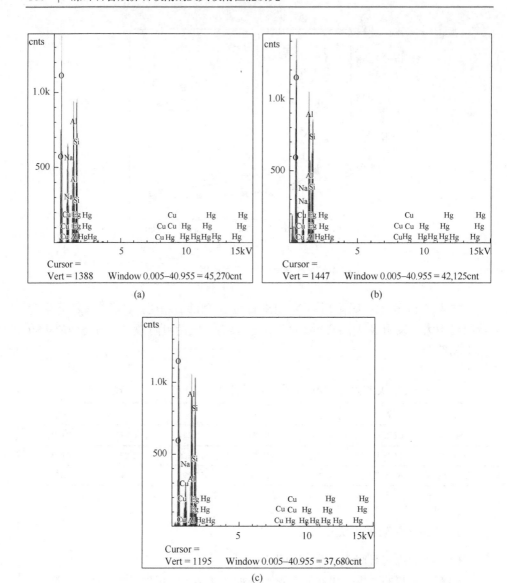

图 4-48　X 型沸石（a）、吸附 Cu^{2+}（b）、Hg^{2+}（c）后的 X 型沸石的 EDS 分析结果

如图 4-49 可知：通过不同再生剂对吸附反应后 X 型沸石进行再生，根据其再生率比较可以发现，四种再生剂对吸附 Cu^{2+} 离子吸附剂的再生能力为：HCl＞EDTA＞NaOH＞蒸馏水，因此选定 HCl 为再生剂。

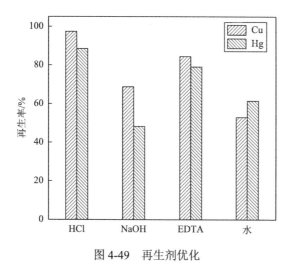

图 4-49　再生剂优化

确定以 HCl 再生剂后,本实验对其不同浓度进行探究,结果如图 4-50 所示。

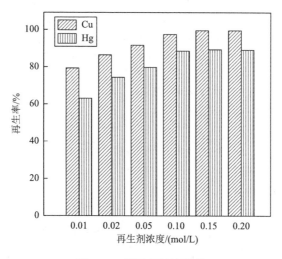

图 4-50　再生剂浓度优化

由图 4-50 可知,完成首次吸附的 X 型沸石的再生性能随再生剂的浓度升高呈现先增大后趋于平缓。这是因为 HCl 溶液酸度增大时,溶液中固液相浓度差增大,传质动力增大,H^+ 离子阻碍金属离子的吸附,进而促进沸石的解吸。综上分析确定再生剂为 0.1mol/L HCl。

(2) X型沸石吸附剂再生时间的优化

本实验对X型沸石吸附剂再生时间的优化如图4-51所示。

由图4-51可知，X型沸石对Cu^{2+}、Hg^{2+}吸附的再生率变化随着接触时间增加先增大后趋于稳定。反应进行到一定时间后，解吸出来的在沸石会空出表层孔道、孔穴中的交换位点（陈淑花等，2017），促进沸石内部金属离子向外扩散，加速X型沸石的再生。当再生时间为90min时，X型沸石的再生率达到98.11%、88.41%，随着时间增加，变化不显著。从经济节能的角度综合分析，确定最佳再生时间为90min。

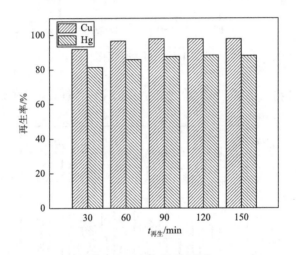

图4-51　再生时间的优化

(3) X型沸石吸附剂再生次数

实验对Cu^{2+}、Hg^{2+}离子吸附饱和后X型沸石在室温状态下用0.1mol/L HCl溶液中振荡120min，洗至pH在7左右烘干，进行再次吸附试验，计算再生率；反复操作直到再生率低于80%，实验结果如图4-52所示。

如图4-52可知，吸附剂随再生次数增加，再生率逐渐降低，其原因可能是每洗脱不彻底，过程中沸石骨架破坏进行离子交换能力降低。吸附Cu^{2+}的X型沸石第三次再生率为81.02%，再生第三次时，再生率为69.15%，说明沸石至少可再生3次；而吸附Hg^{2+}沸石第一次再生率为88.31%，第二次再生率为70.83%，仅能重复利用1次。

第 4 章　煤矸石合成沸石的吸附性能及机理探讨 | 183

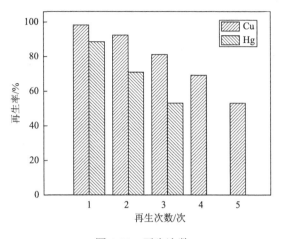

图 4-52　再生次数

吸附 Cu^{2+}、Hg^{2+} 饱和 X 型沸石吸附剂，选择 0.1mol HCl 的再生剂，再生时间为 90min，吸附 Cu^{2+}、Hg^{2+} 饱和的 X 型沸石至少可以再生 3 次和 1 次，且再生率均在 80%以上。陈淑花等（2017）利用抽真空法再生 30min 后，13X 沸石分子筛的吸附能力较差，且吸附分离能力降低，而高温度有利于吸附剂再生，经过分析与对比后发现 250℃下加热，180min 再生性能好；许冉冉等（2018）通过生物硝化再生包括解吸-氧化和沸石表面氧化两个过程，经微生物的硝化作用粉末沸石再生率达 90%以上；相对来说，本实验方法再生效果一般，但操作简单易行，耗时短，成本低，且少次循环使用，节约原料。

8. 煤矸石与 X 型沸石吸附性能比较

分别以赤峰地区煤矸石和合成后 X 型沸石在相同实验条件下对 Cu^{2+}、Hg^{2+} 进行吸附试验，计算其吸附量，实验结果如图 4-53 所示。

由图 4-53 可知，合成的 X 型沸石的吸附性能远远高于煤矸石，其对 Cu^{2+}、Hg^{2+} 吸附量均是煤矸石的 4.0 倍以上。这是因为煤矸石成分为 SiO_2、Al_2O_3 等，其结构是较为紧致的石英相，表面积较小，不利于吸附的进行；合成的 X 型沸石的骨架结构为六方晶系，其 β 笼像金刚石中的碳原子一样排列，相邻的结构之间通过六方柱连接，从而形成一个超笼结构和三维孔道体系（Yuan et al.，2019），增大其离子交换的能力，其次合成的 X 型沸石为比表面积较大的介孔材料，使对 Cu^{2+}、Hg^{2+} 的吸附更为容易进行。

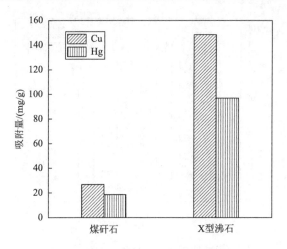

图 4-53 不同吸附剂吸附性能比较

赤峰地区合成的 X 型沸石在最佳吸附条件下对 Cu^{2+}、Hg^{2+}吸附量分别为 148.66mg/g、97.34mg/g。冯爱玲等（2017）在粉煤基对 Cu^{2+}吸附行为的实验研究在 pH 3~5 之间，达到平衡时的吸附量为 122mg/g；赵徐霞等（2018）通过钠基蒙脱石对 Cu^{2+}吸附，在初始浓度为 600mg/L 时达到的最大吸附量为 54.28mg/g；张亚娜（2017）利用磁性粉煤灰纳米材料对 Cu^{2+}进行吸附，在室温 pH 为 4 的条件下具有良好的吸附性，吸附量为 100mg/g；Yang L（2016）在探究硫脲及其衍生物功能化螯合纤维对 Hg^{2+}的吸附研究中表明，PP-g-AA4-DTB 纤维在 pH<4 时，最大吸附量为 16.29mg/g；谢孔辉（2015）利用木质纤维素/蒙脱土纳米复合材料对 Hg^{2+}的吸附实验，达到饱和吸附量为 79.32mg/g；宋宇（2017）通过氧化石墨烯/磁珠复合吸附材料对 Hg^{2+}的吸附效果不佳，吸附量小于 10mg/g。综上可知：赤峰地区合成的 X 型沸石对 Cu^{2+}、Hg^{2+}的吸附能力良好，以煤矸石为原料以废治废，具有一定的应用优势。

9. 本节小结

本实验通过探究 X 型沸石对 Cu^{2+}、Hg^{2+}吸附条件中沸石投加量、溶液初始浓度、初始 pH、振荡频率、振荡时间影响进行优化，得出如下结论。

（1）X 型沸石对 Cu^{2+}的最佳吸附条件为：在投加量为 0.1g X 型沸石重加入初始浓度为 300mg/L 含 Cu^{2+}的溶液，调节初始 pH 为 6，在振荡频率为 225r/min 下振荡 120min，达到最大的吸附量和去除率分别为 148.66mg/g、99.11%。

(2) X 型沸石对 Hg^{2+} 的最佳吸附条件为：在投加量为 0.1g X 型沸石中加入初始浓度为 200mg/L 含 Hg^{2+} 的溶液，调节初始 pH 为 5，在振荡频率为 200r/min 下振荡 120min，达到最大的吸附量及去除率分别为 97.43mg/g、97.43%。

(3) X 型沸石对 Cu^{2+}、Hg^{2+} 吸附动力学实验表明：X 型沸石对 Cu^{2+}、Hg^{2+} 的吸附速率均较快，吸附时间达到 120min 后均达到吸附平衡。准二级动力学相关系数均接近 1（$R^2>0.9990$），模拟得出的饱和吸附量与实验所得结果高度接近，说明 Cu^{2+}、Hg^{2+} 在 X 型沸石上的吸附速率可能受化学吸附影响。通过颗粒内扩散模型拟合说明 X 型沸石到平衡前的吸附速率控制不仅只受颗粒内扩散影响。

(4) X 型沸石对 Cu^{2+}、Hg^{2+} 吸附等温实验表明：在 Langmuir 模型中对 Cu^{2+}、Hg^{2+} 离子吸附其相关系数 R^2 均大于 0.9992，说明 Langmuir 可以很好地描述 X 型沸石对 Cu^{2+}、Hg^{2+} 的吸附行为，主要吸附为单分子层的化学吸附。Cu^{2+}、Hg^{2+} 的最大吸附量分别为 109.9mg/g 和 100.0mg/g，R_L 范围分别是 0.0875～0.0056 和 0.0172～0.2185（均在 0～1 之间），说明 X 型沸石对 Cu^{2+}、Hg^{2+} 的吸附较容易进行。同样在 Freundlich 吸附等温模型中，Cu^{2+} 的 k 为 0.5103，吸附较为容易；Hg^{2+} 的 k 为 0.3417，吸附也极易进行。

(5) 再生实验表明：吸附饱和后的 X 型沸石在 0.1mol/L HCl 的再生剂中再生 90min，吸附 Cu^{2+} 的 X 型沸石至少可以再生 3 次，吸附 Hg^{2+} 可以再生 1 次，且再生率均在 80%以上。

(6) 煤矸石及合成 X 型沸石对 Cu^{2+}、Hg^{2+} 的吸附性进行比较。结果表明：X 型沸石对 Cu^{2+}、Hg^{2+} 的吸附量约为煤矸石的 4.0 倍，说明合成的 X 型沸石有良好的吸附能力。

4.2.2 煤矸石合成 X 型沸石对模拟氨氮、硝态氮废水的吸附性能研究

本吸附实验选用氨氮、硝态氮离子作为被吸附离子。这是因为氨氮、硝态氮均为无机氮存在于水环境中，可为藻类植物的生长提供便利条件；此外氨氮在水环境中以阳离子形式存在，硝态氮以阴离子形式存在，可对比 X 型沸石对二者的吸附效果，并探究吸附机理。

1. 实验方法

(1) 标准曲线的绘制

氨氮标曲：将配制的 10μg/mL 的氨氮使用液，分别取 0.00mL、0.50mL、

1.00mL、2.00mL、4.00mL、8.00mL 和 10.00mL 加入 50mL 的比色管中，加水至刻线。依次加入 1.0mL 酒石酸钾钠溶液（ρ = 500g/L）和 1.5mL 纳氏试剂，混合均匀，放置 10min，以二次水为参比，在波长 420nm 处，测量其吸光度。以氨氮浓度为横坐标，吸光度为纵坐标作图，如图 4-54 所示。

硝态氮标曲：将配制的 0.1μmol/mL 的硝态氮使用液，分别取 0.00mL，0.50mL、1.00mL、1.5mL、2.5mL、4.00mL 加入 25mL 的比色管中，加水稀释到刻线，倒入干燥的 50mL 容量瓶中，分别向瓶中加入锌卷（5.0cm×3.0cm，内径约 1.5cm），0.5mL 氯化镉（ρ = 20.0g/dm^3），迅速振荡 10min，取出锌卷，分别加入 0.5mL 对氨基苯磺酰胺溶液，放置 5min，再加入 0.5mL 二盐酸-1-萘乙二胺溶液，混合均匀，放置 15min，待颜色稳定后，以二次水为参比，在 543nm 波长处测定其吸光度。以硝态氮浓度为横坐标，吸光度为纵坐标作图，如图 4-54 所示。

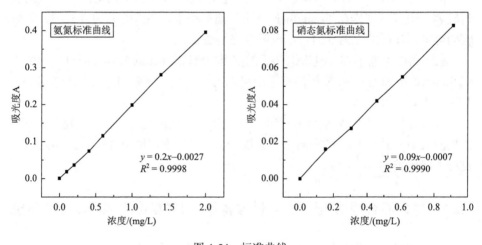

图 4-54　标准曲线

（2）吸附理论及模型

①吸附动力学模型

吸附动力学模型是在动力学基础上，结合实际或虚拟课题而形成的一种有形或无形的模型（Alberto F et al.，2010），可有效的反应吸附途径和吸附机理。因此采用准一级动力学模型、准二级动力学模型及颗粒内扩散模型探讨 X 沸石吸附剂对氨氮、硝态氮废水的吸附过程及机理。

a. 准一级动力学模型，其方程见式（4.15）：

$$\ln(q_e - q_t) = \ln q_{e,1} - \frac{k_1}{2.303}t \qquad (4.15)$$

式中，q_e 为平衡吸附量，mg/g；q_t 为吸附剂在时间 t 时的吸附量，mg/g；k_1 为一级吸附速率常数，$\min^{-1}$。

b. 准二级动力学模型是在吸附机理控制吸附速率的条件时，吸附过程涉及到了吸附剂和吸附质之间存在电子转移或者共用。其方程见式（4.16）。

$$\frac{t}{q_t} = \frac{1}{k_2 q_{e,2}^2} + \frac{1}{q_{e,2}}t \qquad (4.16)$$

式中，k_2 为二级吸附速率常数，g/(mg·min)。

c. 颗粒内扩散模型

Weber-Morris 模型常被用来分析反应中的速控步骤，可以求出吸附过程中的扩散速率常数。其方程见式（4.17）。

$$q_t = k_{ip} t^{1/2} + C \qquad (4.17)$$

式中，k_{ip} 为颗粒内扩散速率常数，mg/(g·m$^{1/2}$)；C 为涉及厚度、边界层的常数。

②等温吸附模型

吸附等温线是在固定的温度条件下，把溶液浓度和吸附量之间关系表示出来的一种表达式（孙丽等，2011）。采用 Langmuir、Freundlich 等温吸附模型来探讨 X 沸石对氨氮、硝态氮废水的吸附过程。

a. Langmuir 等温吸附模型

Langmuir 等温吸附可用来描述单分子层吸附。其方程见式（4.18）。

$$\frac{c_e}{q_e} = \frac{c_e}{q_{max}} + \frac{1}{q_{max} b} \qquad (4.18)$$

式中，c_e 为吸附质平衡质量浓度，mg/L；q_e 为吸附平衡时的吸附量；b 为 Langmuir 吸附系数，L/mg；q_{max} 表示吸附剂的饱和吸附量。该模型中的平衡参数 R_L 可反应吸附剂对吸附质的吸附是否易于进行，$0<R_L<1$ 适宜吸附；$R_L = 1$ 为可逆吸附；$R_L = 0$ 为不可逆吸附；$R_L > 1$ 不适宜吸附。见式 4.19。

$$R_L = \frac{1}{1 + b c_0} \qquad (4.19)$$

式中，R_L 为平衡参数；c_0 为溶液初始浓度，mg/L。

b. Freundlich 等温吸附模型

Freundlich 等温吸附方程可描述吸附剂表面非均相多分子层吸附过程。其方程见式（4.20）。

$$\ln q_e = \ln k + \frac{1}{n}\ln c_e \tag{4.20}$$

式中，k、n 与吸附有关。当 $1/n$ 在 0.1～0.5 时表示易于吸附；大于 2 时则难以吸附。

③实验方法

准确称取一定量的 X 型沸石吸附剂，分别加入一定浓度的氨氮和硝态氮溶液，置于恒温振荡箱中振荡吸附一段时间后，过滤，取上清液，在一定波长下用紫外分光光度计测定滤液中离子浓度，分别计算 X 型沸石吸附剂对氨氮、硝态氮的吸附量（q, mg/g）及去除率（K, %）。合成沸石对无机氮离子的吸附量、去除率计算公式见（4.21）、（4.22）。

$$q_e = \frac{(c_0 - c) \times V}{m} \tag{4.21}$$

$$K = \frac{c_0 - c}{c_0} \times 100\% \tag{4.22}$$

式中，c_0 为初始废水中无机氮离子质量浓度，mg/L；c 为吸附后废水中无机氮离子质量浓度，mg/L；m 为沸石吸附剂投加量，g；V 为无机氮废水溶液的体积，L。

2. 实验与结果

（1）单因素吸附影响实验

①pH 对 X 型沸石吸附无机氮的影响

称量 0.1g 的 X 型沸石于 50mL 的离心管中，将其分为两组，一组中分别加入 50mg/L 的氨氮溶液 30mL，用盐酸和氢氧化钠调节 pH 为 3.0、4.0、5.0、6.0、7.0、8.0、9.0，另一组中加入 15mg/L 的硝态氮溶液 20mL，同理调节 pH 为 3.0、4.0、5.0、6.0、7.0、8.0、9.0、10.0，室温下振荡 120min，离心，过滤后取上清液在一定波长下测其吸光度，计算该无机氮的吸附量及去除率。实验结果见图 4-55。

由图 4-55（a）可知：随着 pH 的增加，X 型沸石的吸附量和去除率呈下降趋势。当 pH 从 4 增大到 8 时，沸石的吸附量和去除率下降比较缓慢；pH 从 8

到 10 时，沸石的吸附量和去除率下降急速下降。这可能是因为，当溶液中的 pH 过大时，氨氮主要以 NH_3 存在，减弱了沸石与 NH_4^+ 的交换性能。另外，pH 过高还会在成设备的腐蚀，调节 pH 会增加成本，所以选择废水的 pH 为 7。

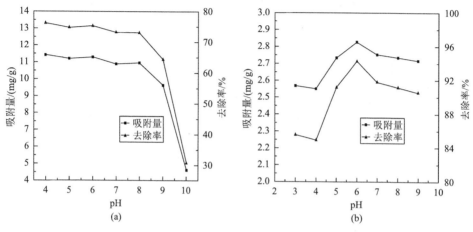

图 4-55　pH 对沸石吸附氨氮、硝态氮的影响
(a) 氨氮；(b) 硝态氮

由图 4-55（b）可知：随着 pH 的增加，沸石的吸附量和去除率呈先降低，再升高，后降低的趋势。pH 在 3~4 时，去除率和吸附量降低，随着 pH 从 4 增加到 6，去除率和吸附量又逐渐升高，当 pH 继续从 6 增加到 9 时，吸附量和去除率又逐渐降低。其中在 pH = 6 时，吸附量和去除率达到最大，分别为 2.83mg/g 和 94.3%。这可能是因为硝态氮带有负电荷，在酸性环境中，与盐酸发生反应，形成游离态，硝态氮离子减少，沸石对硝态氮的吸附减弱；碱性环境中与同是阴离子的 OH^- 离子均具有被沸石吸附的能力，二者之间存在竞争作用，因此吸附量和去除率比较低。

②投加量对 X 型沸石吸附无机氮的影响

将离心管分为两组，依次称量 0.05g、0.1g、0.15g、0.2g、0.25g、0.3g 的沸石加入一组管中，再向管中加入 50mg/L 的氨氮溶液 30mL，用盐酸和氢氧化钠调节 pH 为 7；另一组中依次称取 0.1g、0.15g、0.2g、0.25g、0.3g 的沸石加入管中，再向管内分别加入 15mg/L 的硝态氮溶液 20mL，调节溶液的 pH 为 6，室温下振荡 120min，离心，过滤后取上清液在一定波长下测其吸光度，计算该无机氮的吸附量及去除率。实验结果见图 4-56。

由图4-56（a）可知：投加量从0.1g增加到0.15g时，吸附量急剧下降，去除率线性增长，当投加量继续从0.15g增加到0.3g时，沸石对氨氮的吸附量下降较缓慢，去除率也缓慢增长。这可能是因为：对一定浓度的氨氮进行吸附，投加量小，沸石达到吸附平衡时吸附的氨氮量小，去除率低；随着沸石投加量的增加，吸附平衡时吸附氨氮量高，去除率提高，随着投加量过大，沸石与氨氮废水接触不充分，导致单位面积沸石吸附能力降低，因此吸附率逐渐平缓。本着经济最大化原则，当沸石投加量为0.15g时，其吸附量和去除率较高，分别为7.79mg/g和77.9%，因此选用的最佳投加量为0.15g。

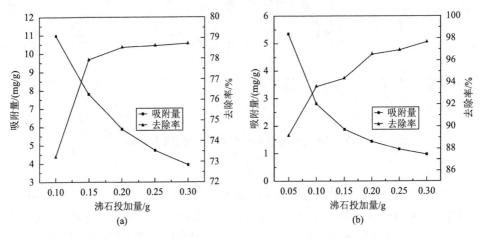

图4-56 投加量对沸石吸附氨氮、硝态氮的影响
(a) 氨氮；(b) 硝态氮

由图4-56（b）可知：随着投加量的增加，沸石对氨氮的吸附量以先急速后平缓的趋势下降，而去除率先呈线性上升而后逐渐缓慢上升。投加量从0.05g增加到0.1g时，吸附量降低了2.33mg/g，去除率从升高了7.9%，随着投加量继续从0.10g增加到0.30g，吸附量降低了1.8mg/g，去除率提高了4.1%。这是因为投加量低时，吸附动力大，吸附速率快，吸附量高，投加量高时，吸附动力随着溶液浓度的降低而降低，吸附速率和吸附量也随着降低。在沸石投加量为0.1g，其吸附量和去除率分别为2.81mg/g，93.59%，可达到经济最大化原则。

③反应时间对X型沸石吸附无机氮的影响

将离心管分为两组，一组中分别称取0.15g的优化X型沸石，加入50mg/L的氨氮溶液30mL，用盐酸和氢氧化钠调节pH为7.0，另一组中分别在干燥的离心管中加入 0.1g 的优化 X 型沸石，依次加入 15mg/L 的硝态氮溶液 20mL，调节 pH 为 6.0，分别在室温下振荡 10min、20min、40min、60min、80min、100min、120min、140min、160min、180min，离心，过滤后取上清液在一定波长下测其吸光度，计算该无机氮的吸附量及去除率。实验结果见图 4-57。

由图 4-57（a）可知：随着吸附时间的延长，沸石对氨氮的吸附量和去除率都呈逐渐上升趋势。其中在 0～60min 这段时间，吸附量和去除率呈线性上升，属于一个快速吸附阶段，60～100min，吸附量和去除率又逐渐下降，随着时间的增加，又缓慢上升，属于慢吸附阶段。这可能是因为，随着反应时间的增加，X 型沸石吸附剂对氨氮的吸附逐渐达到饱和，反应时间继续延长，达到饱和状态的吸附剂进行解吸，继续反应到一定时间后，吸附剂又重新对氨氮继续进行吸附达到吸附平衡。其中在反应时间为 60min 时 X 型沸石对氨氮的吸附量和去除率最先达到饱和，吸附量为 8.1mg/g，去除率 81%。

由图 4-57（b）可知：随着反应时间的增加，吸附剂对硝态氮的发展趋势为先增长后下降又增长。其中，在吸附时间 0～100min，吸附量和去除率基本呈线性增长，随着时间继续增加到 140min，吸附量和去除率又逐渐下降，继续反应到 180min，吸附量和去除率又逐渐上升。出现这种现象可能是因为，X 型沸石吸附剂对硝态氮的吸附是先增长到饱和，这是一个快吸附极端，继续接触，使得吸附剂和溶液发生解吸，随着反应时间的继续增长，又继续吸附达到平衡。其中，在反应时间为 100min 时，吸附量和去除率先达到饱和，分别为吸附量为 2.776mg/g，去除率 92.54%。

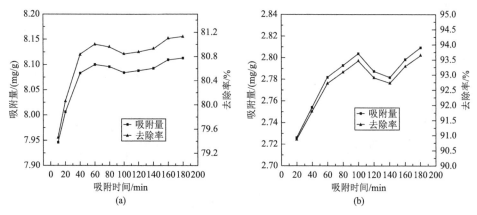

图 4-57 吸附时间对沸石吸附氨氮、硝态氮的影响

(a) 氨氮；(b) 硝态氮

④溶液的初始浓度对 X 型沸石吸附无机氮的影响

将离心管分为两组，一组中分别称取 0.15g 的 X 型沸石，依次加入初始浓度为 20mg/L、30mg/L、40mg/L、50mg/L、60mg/L、70mg/L、80mg/L、90mg/L、100mg/L、120mg/L 的氨氮溶液 30mL，用盐酸和氢氧化钠调节 pH 为 7.0，另一组中分别在干燥的离心管中加入 0.1g 的优化 X 型沸石，依次加入 15mg/L、20mg/L、25mg/L、30mg/L、35mg/L、40mg/L、45mg/L、50mg/L、60mg/L 的硝态氮溶液 20mL，调节 pH 为 6.0，室温下振荡 120min，离心，过滤后取上清液在一定波长下测其吸光度，计算该无机氮的吸附量及去除率。实验结果见图 4-58。

由图 4-58（a）可知：随着初始浓度的增加，吸附量基本呈线性增长，去除率逐渐下降。当初始浓度从 20mg/L 增加到 40mg/L 时，去除率下降趋势不明显；继续增加到 100mg/L，去除率基本呈线性下降，增大到 120mg/L 时，吸附量明显的增大，而去除率下降较快。这可能是因为开始时，废水中的含氨氮量少，X 型沸石吸附剂过量，这可能是因为开始时，废水中的含氨氮量少，X 型沸石吸附剂过量，使得沸石有更多的空间去吸附氨氮溶液，随着氨氮浓度的升高，氨氮量也增多，而吸附剂的量却固定不变，所以去除率逐渐下降。其中在初始浓度为 60mg/L 时，吸附量为 9.833mg/g，去除率 81.94%，吸附量和去除率都较高。

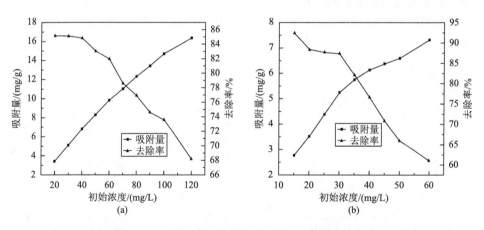

图 4-58　初始浓度对沸石吸附氨氮、硝态氮的影响
(a) 氨氮；(b) 硝态氮

由图 4-58（b）可知：随着硝态氮初始浓度的升高，吸附量呈上升趋势，

去除率呈下降趋势。初始浓度从 20mg/L 增加到 30mg/L 时，去除率基本不变，吸附量线性增加；继续增加到 50mg/L 时，去除率呈线性下降，吸附量逐渐增加到平缓，增加到 60mg/L 时，吸附量和去除率增加合下降都很明显。这可能是因为初始浓度较低时，可用吸附表面积和溶质初始的比值低，随着初始浓度的增加，溶液和吸附剂表面结合位点的浓度之差增大，吸附量增加。而去除率随着溶液初始浓度的增加逐渐减少，沸石对硝态氮的吸附逐渐达到饱和，吸附量增加幅度越来越少。综上所述，当初始浓度为 30mg/L 时，吸附量为 5.24mg/g，去除率 87.36%，吸附量和去除率都较高。

（2）X 型沸石对氨氮吸附的正交试验研究

影响 X 型沸石吸附氨氮废水溶液的因素有多种，如温度、沸石投加量、溶液的 pH、氨氮的初始浓度、吸附时间等，且每种因素影响吸附能力的大小不一样（王芳等，2018）。为了确定各种影响因素对 X 型沸石吸附氨氮的影响程度，故做正交试验。

本实验在以上单因素结果的前提下，可确定合适的正交因素，分别为 pH、投加量、时间、初始浓度；确定三个影响因子较大的因素为水平。做四因素、三水平的正交试验（Bao T et al.，2016），来考察三个因素对 X 型沸石吸附氨氮的影响大小。因素水平表见表 4-18，正交试验结果及分析见表 4-19。

由表 4-19 的分析结果来看，各因素的平均极差由大到小的排列顺序为投加量＞pH＞吸附时间＞初始浓度。由此得知，沸石投加量对氨氮吸附量影响最大，其次是 pH，然后是吸附时间，最后是初始浓度。

表 4-18 正交试验的因素水平表

因素 水平	pH	投加量	时间	初始浓度
1	5	0.05	10	30
2	7	0.15	60	60
3	9	0.25	120	90

表 4-19 正交试验结果及分析

试验号	因素				去除率
	pH（A）	投加量（B）	吸附时间（C）	初始浓度（D）	
1	5	0.05	10	30	51.94
2	5	0.15	60	60	82.86

续表

试验号	因素				去除率
	pH（A）	投加量（B）	吸附时间（C）	初始浓度（D）	
3	5	0.25	120	90	89.07
4	7	0.05	60	90	42.08
5	7	0.15	120	30	84.94
6	7	0.25	10	60	84.69
7	9	0.05	120	60	42.88
8	9	0.15	10	90	53.26
9	9	0.25	60	30	70.61
K1	223.87	136.9	189.89	207.49	
K2	211.71	221.06	195.55	210.43	
K3	166.75	244.37	216.89	184.41	
k1	74.62	45.633	63.30	69.16	
k2	70.57	73.69	65.18	70.14	
k3	55.5	81.46	72.30	61.47	
R	19.04	35.82	9	8.673	
主次顺序			B>A>C>D		

（3）吸附动力学实验

①吸附动力学实验内容

将离心管分为两组，一组中分别称取 0.15g 的优化 X 型沸石，加入 50mg/L 的氨氮溶液 30mL，用盐酸和氢氧化钠调节 pH 为 7.0，另一组中分别在干燥的离心管中加入 0.1g 的优化 X 型沸石，依次加入 15mg/L 的硝态氮溶液 20mL，调节 pH 为 6.0，分别在室温下振荡 10min、20min、40min、60min、80min、100min、120min、140min、160min、180min，离心，过滤后取上清液在一定波长下测其吸光度，计算该无机氮的吸附量及去除率。

②吸附动力学曲线

X 沸石对模拟氨氮、硝态氮吸附实验作图可得图 4-59。由图中可知：平衡时，X 型沸石对氨氮的吸附量大于对硝态氮的吸附量。沸石对两种溶液吸附均在 0～10min 吸附量大幅度增加，这是因为在吸附的初始阶段是表面吸附，所以吸附速率较快，随着时间的增加，吸附速率减慢且逐渐达到平衡，这是因为吸附剂逐渐达到饱和状态，其表面的吸附位点减少，因此吸附速率降低。其中

X 型沸石吸附剂对氨氮的吸附到 60min 时基本达到平衡,其吸附量和去除率分别为 8.1mg/g,81%。对硝态氮的吸附到 100min 时达到平衡,吸附量和去除率分别为 2.776mg/g,92.54%。

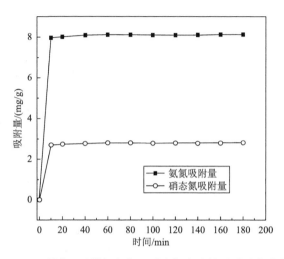

图 4-59　X 型沸石对模拟氨氮、硝态氮废水的吸附动力学曲线

③吸附动力学的拟合

将实验中 X 型沸石吸附氨氮、硝态氮的动力学数据用 Lagergren 准一级吸附速率方程和 Lagergren 准二级吸附速率方程进行拟合,曲线见图 4-60 和图 4-61,

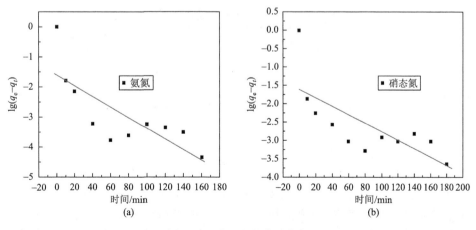

图 4-60　准一级动力学曲线

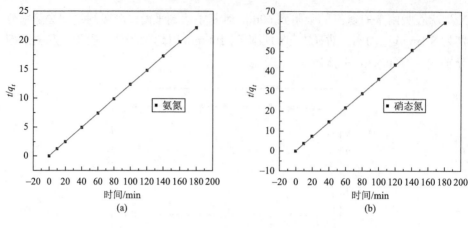

图 4-61 准二级动力学曲线

所得相关参数见表 4-20。由表 4-20 可知：沸石对氨氮和硝态氮的吸附过程与 Lagergren 准一级吸附动力学方程拟合相关系数分别为 0.6286、0.6237，说明相关性差。而饱和吸附量与实验平衡吸附量数值差距非常很大，因此准一级动力学方程不能用来描述沸石对氨氮及硝态氮的吸附。用 Lagergren 准二级吸附动力学方程拟合的相关性较一级更显著，且 q_e 与准一级相比较，与实验值更加接近，因此可以用 Lagergren 准二级吸附速率方程对动力学吸附进行更好的描述（Mosbah R and Sahmoune M N，2013）。

表 4-20　X 型沸石对氨氮、硝态氮吸附的动力学拟合参数

名称	$q_{e,\,exp}$/(mg/g)	准一级吸附方程			准二级吸附方程		
		k_1/(min^{-1})	$q_{e,\,1}$/(mg/g)	R^2	k_2/[g/(mg·min)]	$q_{e,\,2}$/(mg/g)	R^2
氨氮	8.113	0.0271754	0.005499	0.6286	0.50933	8.11688	1.0
硝态氮	2.83	0.0156604	5.872	0.6237	0.3575	2.7972	0.9999

④颗粒内扩散方程的拟合

将 X 型沸石对氨氮、硝态氮的吸附数据用颗粒内扩散方程进行拟合曲线见图 4-62，拟合参数见表 4-21。由图 4-62 可知，拟合曲线不过原点，说明颗粒内扩散不是唯一的速率控制步骤，还受其他因素的影响（李玲慧，2017）。表 4-21 的拟合参数显示沸石对氨氮和硝态氮的吸附过程与颗粒内扩散拟合正相关性显

著。说明颗粒内扩散在 X 型沸石吸附氨氮、硝态氮的过程中是主要的速控步骤，但却不是唯一的速控步骤。

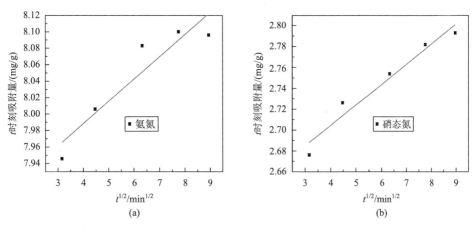

图 4-62　颗粒内扩散拟合

表 4-21　X 型沸石对氨氮、硝态氮吸附的颗粒内扩散的拟合参数

含氮无机盐	Weber-Morris 方程参数		
	$K_{ip}[mg/(g·min^{1/2})]$	C	R^2
氨氮	0.027	7.8805	0.8799
硝态氮	0.0195	2.6266	0.9547

（4）等温吸附实验

①等温吸附实验内容

将离心管分为两组，一组中分别称取 0.15g 的 X 型沸石，依次加入初始浓度为 20mg/L、30mg/L、40mg/L、50mg/L、60mg/L、70mg/L、80mg/L、90mg/L、100mg/L、120mg/L 的氨氮溶液 30mL，用盐酸和氢氧化钠调节 pH 为 7.0，另一组中分别在干燥的离心管中加入 0.1g 的优化 X 型沸石，依次加入 15mg/L、20mg/L、25mg/L、30mg/L、35mg/L、40mg/L、45mg/L、50mg/L、60mg/L 的硝态氮溶液 20mL，调节 pH 为 6.0，室温下振荡 120min，离心，过滤后取上清液在一定波长下测其吸光度，计算该无机氮的吸附量及去除率。

②吸附热力学曲线

X 沸石对模拟氨氮、硝态氮等温吸附实验作图可得图 4-63。由图中可知：

X 型沸石对氨氮和硝态氮的吸附量随平衡浓度的增大而增长缓慢。说明随着初始浓度的增加，吸附量逐渐达到饱和。

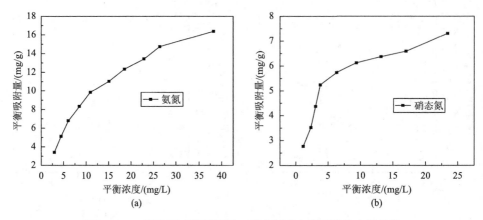

图 4-63　X 型沸石对模拟氨氮、硝态氮废水的吸附热力学曲线

③吸附热力学的拟合

将实验中 X 型沸石吸氨氮、硝态氮的热力学数据用 Langmuir 等温吸附模型和 Freundlich 等温吸附模型进行拟合，所得相关参数见表 4-22。

分析表 4-22 数据，沉积物吸附氨氮、硝态氮的过程与 Langmuir 吸附等温方程拟合相关系数 R^2 的分别为 0.9941，0.9953，正相关性显著。常数 b 值反应吸附能力的强弱，说明对硝态氮的吸附强于氨氮。而 Freundlich 等温吸附模型拟合所得的 R^2 的分别为 0.9654、0.9180，说明相关性好。$1/n$ 分别为 0.5957、0.3064，表明 X 型沸石对氨氮及硝态氮的吸附过程还是比较容易进行的。

表 4-22　X 型沸石对氨氮、硝态氮吸附的动力学拟合参数

名称	Langmuir 方程参数			Freundlich 方程参数		
	Q_{max}/(mg/g)	b/(L/mg^{-1})	R^2	$1/n$	k	R^2
氨氮	23.0946	0.06371	0.9941	0.5957	2.121778	0.9654
硝态氮	7.82472	0.441199	0.9953	0.3064	2.96347	0.9180

3. X 型沸石对氨氮和硝态氮的吸附机理

吸附是通过吸附剂分子与周围的溶质分子互相吸引，使溶质浓度发生变

化的一种现象。吸附过程由位阻效应、平衡效应、及动力学效应三种机理协同完成。

X 型沸石吸附氨氮是利用了沸石的静电吸附作用及其对阳离子的选择交换性。分子筛四面结构中，铝氧四面体（带负电荷）周围有正电荷（如 Na^+、K^+）维持分子的稳定，可形成强大的电场，故对其他离子有较强的吸附力。此外，沸石的孔道大于氨氮离子的直径，这使得氨氮离子可通过沸石的孔道达到沸石表面，与其结构中的金属阳离子（Na^+、K^+）发生交换，将其置换，从而达到吸附氨氮的目的。X 型沸石吸附硝态氮是利用了沸石的静电吸附作用（姚晨曦，2018），沸石分子筛结构中分布着阳离子和负电荷部分，从而形成电场，可吸引带负电的硝态氮离子。因此，X 型沸石可吸附硝态氮离子。

X 型沸石对氨氮和硝态氮吸附的异同：吸附过程都利用了沸石结构中的正负电荷部分形成电场，产生的静电进行吸附。此外，对氨氮的吸附主要利用了其结构中的金属阳离子（Na^+、K^+）可与氨氮离子进行交换性，从而减少氨氮的浓度。因此 X 型沸石对氨氮的最大吸附量大于对硝态氮的吸附量，与实际检测结果相同。

4. 本节小结

用优化合成的 X 型沸石吸附剂对氨氮、硝态氮吸附，并探讨了吸附条件即：pH、沸石投加量、反应时间、初始浓度对其影响，得到以下结论。

（1）用 0.15g 的 X 型沸石对初始浓度为 50mg/L 的模拟氨氮废水进行吸附，调节其 pH 为 7，反应时间为 60min，该反应条件下沸石对氨氮的吸附量和去除率达到最高分别为 9.833mg/g，去除率 81.94%。用 0.1g 的 X 型沸石对初始浓度为 30mg/L 的模拟硝态氮废水进行吸附，调节 pH 为 7，在反应时间为 100min 时，沸石对硝态氮的吸附量和去除率最高分别为 5.24mg/g，去除率 87.36%。

（2）X 型沸石吸附氨氮、硝态氮的动力学实验表明：X 型沸石对两种含氮离子吸附速率都较快。与 Lagergren 准一级吸附动力学方程拟合相关性差，且饱和吸附量与实验平衡吸附量数值差距非常很大。而与 Lagergren 准二级吸附动力学方程拟合的相关性较一级更显著，且饱和吸附量与实验值更加接近，因此可以用 Lagergren 准二级吸附速率方程对动力学吸附进行更好的描述。颗粒内扩散方程拟合说明吸附过程是主要速控步但不是唯一控制因素。

（3）X 型沸石吸附氨氮、硝态氮的热力学实验表明：沉积物吸附氨氮、硝态氮的过程与 Langmuir 吸附等温方程拟合正相关性显著。说明 Langmuir 可以描述 X 型沸石吸附氨氮和硝态氮的行为，为单分子层吸附。而 Freundlich 等温吸附模型拟合表明 X 型沸石对氨氮及硝态氮的吸附过程是比较容易进行的。

（4）用正交试验确定 pH、沸石投加量、反应时间、初始浓度对沸石吸附氨氮的影响，由极差算出沸石对氨氮的影响顺序为投加量＞pH＞吸附时间＞初始浓度，说明沸石投加量对氨氮吸附量影响最大，其次是 pH，最后是吸附时间和初始浓度。

（5）X 型沸石对氨氮和硝态氮的吸附均采用了静电吸附，其中对氨氮的吸附主要是利用了沸石对阳离子的选择交换性能。

4.3 煤矸石合成 LSX 型沸石的吸附性能及机理探讨

4.3.1 吸附条件的探究

1. pH 对 LSX 型沸石吸附性能的影响

取两组离心管，分别称取 0.1g LSX 型沸石于离心管中，一组加入初始浓度为 100mg/L 的含锌离子的模拟废水 50mL，一组加入初始浓度为 100mg/L 的含镍离子的模拟废水 50mL，分别调节溶液 pH 为 4、5、6、7、8、9、10，于恒温振荡器中以一定的振荡频率振荡 90min，离心、抽滤，取其上清液测定溶液中锌离子和镍离子的浓度，计算其去除率和吸附量，结果见图 4-64。pH 不仅可以影响重金属离子在水溶液中的存在形式，也影响吸附剂表面电荷的特性，pH 较低水溶液中的质子数较多，大量的质子数会占据吸附位点，从而将对金属离子的吸附容量减少（汤宣林，2013）。从图 4-64 中可以看出 pH 在 4～7 范围

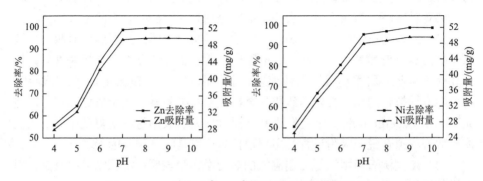

图 4-64　pH 对含 Zn^{2+}、Ni^{2+} 模拟废水吸附性能的影响

内,LSX 型沸石对含 Zn^{2+}、Ni^{2+} 模拟废水吸附的去除率和吸附量都呈现增长的趋势,当 pH 继续增长时,去除率和吸附量的增长趋势减缓,因此将 pH = 7 确定为吸附的最佳 pH。

2. 投加量对 LSX 型沸石吸附性能的影响

取两组离心管,分别加入 0.05g、0.075g、0.1g、0.15g、0.2g、0.25g、0.3g LSX 型沸石,一组加入初始浓度为 100mg/L 的含锌离子的模拟废水 50mL,一组加入初始浓度为 100mg/L 的含镍离子的模拟废水 50mL,调节 pH 为 7,于恒温振荡器中以一定的振荡频率振荡 90min,离心、抽滤,取其上清液测定溶液中锌离子和镍离子的浓度,计算其去除率和吸附量,结果见图 4-65。投加量的大小决定了在吸附过程中所能提供的吸附位点的大小,投加量越多,吸附位点越多吸附效果越好,当溶液中的金属离子全部占据了吸附位点之后,此时的投加量为最佳投加量(Mosbah et al., 2013)。从对 Zn^{2+}、Ni^{2+} 吸附的去除率和吸附量图中可以看出随着投加量的增加去除率逐渐增大,当投加量超过 0.1g 后增幅减缓,从吸附量曲线可以看出吸附量不断减小,但是减小的趋势逐渐减缓。因此将 0.1g 确定为最佳投加量。

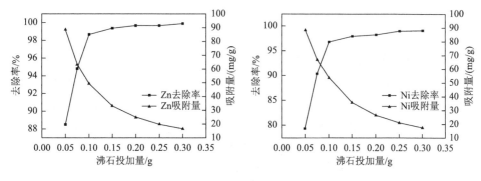

图 4-65 投加量对含 Zn^{2+}、Ni^{2+} 模拟废水吸附性能的影响

3. 振荡频率对 LSX 型沸石吸附性能的影响

取两组离心管,分别加入 0.1g LSX 型沸石,一组加入初始浓度为 100mg/L 的含锌离子的模拟废水 50mL,一组加入初始浓度为 100mg/L 的含镍离子的模拟废水 50mL,调节 pH 为 7,于恒温振荡器中分别在振荡频率为 150r/min、175r/min、200r/min、225r/min、250r/min、275r/min、300r/min 的条件下振荡 90min,离心、

抽滤,取其上清液测定溶液中锌离子和镍离子的浓度,计算其去除率和吸附量,结果见图4-66。从对 Zn^{2+} 吸附的去除率和吸附量曲线中可以看出随着振荡频率不不断增加去除率和吸附量都呈现出增长的趋势,当振荡频率达到 250r/min 时增幅减缓,从对 Ni^{2+} 吸附的去除率和吸附量曲线中可以看出随着振荡频率不不断增加去除率和吸附量都呈现出增长的趋势,当振荡频率超过 250r/min 时,去除率和吸附量出现的减小的趋势,因此将 250r/min 确定为含 Zn^{2+}、Ni^{2+} 废水吸附的最佳振荡频率。

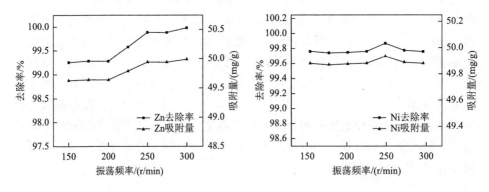

图 4-66 振荡频率对含 Zn^{2+}、Ni^{2+} 模拟废水吸附性能的影响

4. 初始浓度对 LSX 型沸石吸附性能的影响

取两组离心管,分别加入 0.1g LSX 型沸石,一组加入初始浓度为 25mg/L、50mg/L、100mg/L、150mg/L、200mg/L、300mg/L、400mg/L 的含锌离子的模拟废水各 50mL,一组加入初始浓度为 25mg/L、50mg/L、100mg/L、150mg/L、200mg/L、300mg/L、400mg/L 的含镍离子的模拟废水各 50mL,调节 pH 为 7,于恒温振荡器中在振荡频率为 250r/min 的条件下振荡 90min,离心、抽滤,取其上清液测定溶液中锌离子和镍离子的浓度,计算其去除率和吸附量,结果见图 4-67。初始溶液的浓度可以影响吸附位点与金属离子的结合能力,从而决定了吸附位点的可用性(李玲慧,2017)。从对 Zn^{2+} 吸附的去除率和吸附量曲线中可以看出随着初始浓度的不断增大,对 Zn^{2+} 吸附的去除率逐渐减小但减小趋势较缓,当初始浓度超过 200mg/L 时减小趋势增大,而吸附量则随着初始浓度的增大而增大,当初始浓度达到 300mg/L 时基本达到平衡。从对 Ni^{2+} 吸附的去除率和吸附量曲线中可以看出随着初始浓度的不断增大,对 Ni^{2+} 吸附的去除率

逐渐减小但减小趋势较缓，当初始浓度超过 150mg/L 时减小趋势增大，而吸附量则随着初始浓度的增大而增大，当初始浓度达到 300mg/L 时基本达到平衡。因此将 200mg/L 确定为对 Zn^{2+} 吸附的最佳初始浓度，将 150mg/L 确定为对 Ni^{2+} 吸附的最佳条件。

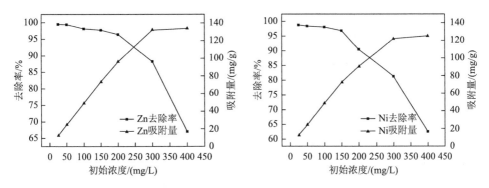

图 4-67　初始浓度对含 Zn^{2+}、Ni^{2+} 模拟废水吸附性能的影响

4.3.2　吸附动力学的探究

1. 吸附动力学实验

取两组离心管分别加入 0.1g LSX 型沸石，一组分别加入初始浓度为 200mg/L 的模拟含 Zn^{2+} 废水 50mL，一组分别加入初始浓度为 150mg/L 的模拟含 Ni^{2+} 废水 50mL，调节 pH 为 7，于恒温振荡器中在振荡频率为 250r/min 的条件下分别振荡 3min、5min、8min、10min、15min、30min、45min、60min、90min、120min、150min、180min，离心、抽滤，取其上清液测定溶液中 Zn^{2+}、Ni^{2+} 的浓度，计算其去除率和吸附量。

2. 吸附动力学方程拟合

将 4.2.1 节中实验所得数据计算作图，LSX 型沸石对模拟含 Zn^{2+}、Ni^{2+} 废水的吸附动力学曲线如图 4-68 所示。从图中可以看出 LSX 型沸石对两种离子的吸附量随时间的变化规律在 0~10min 之间的增幅很大，原因是吸附的初始阶段主要是表面吸附，所以吸附速度较快，之后增幅逐渐减缓是因为吸附剂表面的吸附位点减少，沸石表面和孔道内的吸附也逐渐达到饱和状态，对 Zn^{2+}、Ni^{2+}

的吸附量分别达到 99.48mg/g、74.69mg/g 时基本不再发生变化。LSX 型沸石对 Zn^{2+} 和 Ni^{2+} 的吸附分别在 90min、60min 达到平衡，为吸附平衡时间。

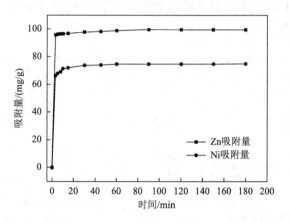

图 4-68　LSX 型沸石对模拟含 Zn^{2+}、Ni^{2+} 废水的吸附动力学曲线

将 LSX 型沸石对模拟含 Zn^{2+}、Ni^{2+} 废水的吸附数据进行准一级和准二级方程拟合，其准一级动力学曲线见图 4-69，准二级吸附动力学曲线见图 4-70。表 4-23 是 LSX 型沸石对 Zn^{2+}、Ni^{2+} 吸附的动力学拟合参数。

从图 4-69、图 4-70 可以看出，LSX 型沸石对锌离子、镍离子的准一级吸附动力学曲线的线性回归较准二级吸附动力学的差。对比表 4-23 中数据可知，准二级吸附动力学方程的相关系数 R^2 均为 1，准一级吸附动力学方程的相关系数 R^2 分别为 0.9843、0.8333，准二级吸附动力学方程的相关性较好，Zn^{2+}、Ni^{2+} 的

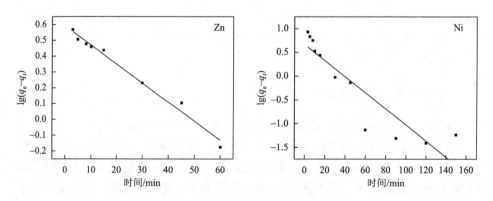

图 4-69　准一级动力学曲线

饱和吸附量为 99.48mg/g、74.69mg/g，由准一级动力学方程拟合出的饱和吸附量分别为 3.89mg/g、4.57mg/g 均与实验所测值相差较大，由准二级吸附动力学拟合出的饱和吸附量分别为 100.00mg/g、75.19mg/g，与实验所测值接近，说明 LSX 型沸石对锌离子、镍离子的吸附用准二级吸附动力学方程描述更为准确。

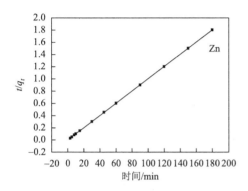 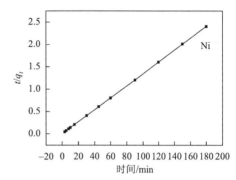

图 4-70　准二级动力学曲线

表 4-23　LSX 型沸石对 Zn^{2+}、Ni^{2+} 吸附的动力学拟合参数

金属离子	准一级吸附方程参数			准二级吸附方程参数		
	k_1/(min^{-1})	q_e/(mg/g)	R^2	k_2/[g/(mg·min)]	q_e/(mg/g)	R^2
Zn^{2+}	0.0276	3.89	0.9843	0.0270	100.00	1.0000
Ni^{2+}	0.0389	4.57	0.8333	0.0293	75.19	1.0000

Weber-Morris 模型的假设条件是液膜的扩散阻力只有在吸附的初始阶段的很短时间内起作用，而且扩散的方向是随机的，吸附质的浓度不随颗粒位置改变。图 4-71 是 LSX 型沸石对模拟含 Zn^{2+}、Ni^{2+} 废水吸附的颗粒内扩散曲线。从图 4-71 中可以看出两条线均未经过原点，说明吸附过程不是由内部扩散来控制，而是内部扩散和液膜扩散同时进行。

表 4-24 是颗粒内扩散方程拟合参数。从表中可以看出 LSX 型沸石对模拟含 Zn^{2+}、Ni^{2+} 废水的吸附分为两个阶段，在第一阶段的 R^2 值分别为 0.9929、0.8511，相关性较好，说明在快吸附过程中主要是颗粒内扩散控制，但受边界效应影响较大，从第一阶段到第二阶段 C 值均增大，且内扩散速率均减小，C 值的大小代表了边界效应的大小即对外部传质的阻力大小，说明在整个吸附过程中受到边界效应的影响较大。

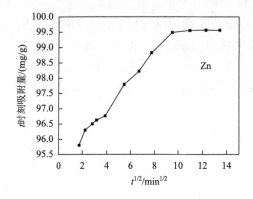
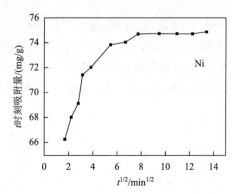

图 4-71 颗粒内扩散拟合曲线

表 4-24 颗粒内扩散方程拟合参数

金属离子	第一阶段			第二阶段		
	k_{ip}/[mg/(g·m$^{1/2}$)]	C	R^2	k_{ip}/[mg/(g·m$^{1/2}$)]	C	R^2
Zn^{2+}	0.4678	95.117	0.9929	0.0160	99.354	0.6760
Ni^{2+}	1.3010	65.687	0.8511	0.0231	74.49	0.5259

4.3.3 等温吸附的探究

1. 等温吸附实验

取两组离心管，分别加入 0.1g LSX 沸石，一组分别加入初始浓度为 25mg/L、50mg/L、100mg/L、150mg/L、200mg/L、300mg/L、400mg/L 的含锌离子的模拟废水各 50mL，一组加入初始浓度为 25mg/L、50mg/L、100mg/L、150mg/L、200mg/L、300mg/L、400mg/L 的含镍离子的模拟废水各 50mL，调节 pH 为 7，于恒温振荡器中在振荡频率为 250r/min 的条件下振荡 90min，离心、抽滤，取其上清液测定溶液中锌离子和镍离子的浓度，计算其去除率和吸附量。

2. 等温吸附方程拟合

将上述实验所得数据计算作图，LSX 型沸石对模拟含 Zn^{2+}、Ni^{2+} 废水的吸附动力学曲线如图 4-72 所示。从图中可以看出 LSX 型沸石对废水中 Zn^{2+} 的吸附等温线呈现出先增大后趋于平缓的趋势,在平衡浓度为 35.31mg/L 之前曲线的上升趋势较快,吸附量从 12.43mg/g 快速升高到 132.35mg/g,最后达到稳定,平衡吸附量为 134.05mg/g,LSX 型沸石对废水中 Ni^{2+} 的吸附等温线呈现出先增大后趋于平缓的趋势,在平衡浓度为 56.17mg/L 之前曲线的上升趋势较快,吸附量从 12.34mg/g 快速升高到 121.91mg/g,最后达到稳定,平衡吸附量为 125.10mg/g,原因是随着初始浓度的不断增加,沸石上的吸附位点可以吸附更多的金属离子,当沸石上的吸附位点达到饱和状态时,不能够吸附更多的金属离子,吸附达到饱和状态。

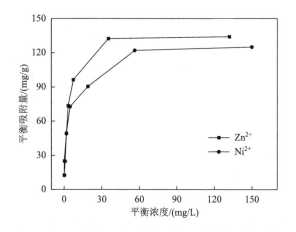

图 4-72 LSX 型沸石对 Zn^{2+}、Ni^{2+} 吸附的等温吸附曲线

将 LSX 型沸石对模拟含 Zn^{2+}、Ni^{2+} 废水的吸附数据采用 Langmuir 等温吸附方程和 Freundlich 等温吸附方程进行拟合,拟合参数见表 4-25。从表中数据可知 LSX 型沸石对 Zn^{2+}、Ni^{2+} 的饱和吸附量分别为 96.15mg/g、70.42mg/g,Langmuir 方程拟合的 R^2(0.8127、0.4496)均小于 Freundlich 方程拟合的 R^2(0.9032、0.8828),说明 Freundlich 等温吸附方程能够更好地描述 LSX 型沸石对模拟含 Zn^{2+}、Ni^{2+} 废水的吸附过程,说明 LSX 型沸石对 Zn^{2+}、Ni^{2+} 的吸附属于多分子层吸附,Freundlich 方程拟合参数 $1/n$ 的值分别为 0.3485、0.3611,当 $0.1 < 1/n < 0.5$ 时表明吸附过程易于进行,所以 LSX 型沸石对 Zn^{2+}、Ni^{2+} 的吸附易于进行。

表 4-25　LSX 型沸石对 Zn^{2+}、Ni^{2+}的等温吸附模型拟合参数

金属离子	Langmuir 方程拟合参数			Freundlich 方程拟合参数		
	Q_{max}/(mg/g)	b/(L/mg)	R^2	$1/n$	k	R^2
Zn^{2+}	96.15	34.67	0.8127	0.3485	36.04	0.9032
Ni^{2+}	70.42	35.5	0.4496	0.3611	28.27	0.8828

4.3.4　再生实验

取两个离心管,分别加入 0.1g 合成沸石,一个加入浓度为 200mg/L 的含锌离子的模拟废水 50mL,调节 pH 为 7,于恒温振荡器中在振荡频率为 250r/min 的条件下振荡 90min,离心、抽滤,取其上清液测定溶液中锌离子的浓度,计算其去除率和吸附量,将吸附后的沸石烘干,加入 50mL 的 6% NaOH + 1% NaCl 的混合溶液,在室温下振荡、洗涤、抽滤并烘干,重复进行上述吸附实验,计算其再生率,结果见图 4-73。

选用 6% NaOH + 1% NaCl 的混合溶液作为再生剂,在碱性环境下沸石孔道中吸附的金属离子会被 OH^-吸引,溶液中的 Na^+可以将沸石上的吸附位点上的金属离子交换下来,从而达到再生的目的。从图 4-73 中可以看出随着再生次数的增多,再生率逐渐减小,再生 4 次之后再生率下降明显,所以制备的 LSX 型沸石可以重复利用 4 次。

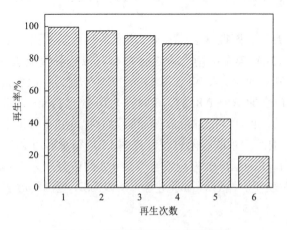

图 4-73　再生次数对再生率的影响

4.3.5 本节小结

（1）通过探究 LSX 型沸石对模拟含 Zn^{2+}、Ni^{2+} 的吸附的影响，得出吸附的最佳条件：模拟含 Zn^{2+}、Ni^{2+} 溶液的初始浓度分别为 200mg/L、150mg/L，溶液初始 pH 均为 7，投加量均为 2g/L，振荡频率为 250r/min。在此条件下 LSX 型沸石对模拟含 Zn^{2+}、Ni^{2+} 溶液中 Zn^{2+}、Ni^{2+} 的去除率最大，分别为 96.36%、96.83%，吸附量分别为 96.36mg/g、72.62mg/g。

（2）将 LSX 型沸石对模拟含 Zn^{2+}、Ni^{2+} 的吸附进行动力学的探究，结果表明吸附达到平衡的时间分别是 90min、60min，将数据进行了准一级动力学、准二级动力学以及 Weber-Morris 颗粒内扩散模型的拟合。拟合结果表明：准二级动力学拟合出的 R^2 值均为 1，实验测得 Zn^{2+}、Ni^{2+} 的饱和吸附量分别为 99.48mg/g、74.69mg/g，由准二级吸附动力学拟合出的饱和吸附量分别为 100.00mg/g、75.19mg/g，与实验所测值接近，所以准二级动力学可以更好地描述吸附过程，说明该吸附过程既有化学吸附；Weber-Morris 颗粒内扩散模型的拟合结果表明吸附过程中是内部扩散和外部扩散同时进行的，且受到边界阻力影响较大。

（3）将 LSX 型沸石对模拟含 Zn^{2+}、Ni^{2+} 的吸附进行等温吸附研究，用 Langmuir 等温吸附方程和 Freundlich 等温吸附方程进行拟合，拟合结果表明 Freundlich 等温吸附方程进行拟合的相关性系数 R^2 值（0.9032、0.8828）大于 Langmuir 等温吸附拟合结果，所以用 Freundlich 等温吸附方程可以更好的描述吸附过程，说明该吸附过程不是单分子层吸附，而是非均相地多分子层吸附，吸附过程中有物理吸附，$1/n$ 的值分别为 0.3485、0.3611，说明该吸附过程易于进行。

（4）将沸石对模拟含 Zn^{2+}、Ni^{2+} 废水吸附进行再生实验，实验结果表明进行吸附实验后的沸石可以再生 4 次，且再生率均在 90%以上。

参 考 文 献

谌任平. 2013. 活性炭负载铝吸附去除水中氟离子的研究. 重庆：重庆大学
陈春林. 2018. 脱灰煤基活性炭吸附处理含镉废水. 山西化工, 38 (1): 157-159
陈冠邑, 何世德. 2011. 连续流石英砂滤料体系处理洗煤废水的应用研究. 环境科学与管理, 36 (4): 98-10
陈淑花, 刘学武, 邹久朋, 等. 2017. 13X 沸石分子筛再生吸附性能实验研究. 新型工业化, 7 (11): 68-72
程婷, 陈晨, 王志良, 等. 2013. 粉煤灰甲基沸石对铜离子的吸附研究. 粉煤灰综合利用, 4: 6-13
程伟玉, 高宇, 张军生, 等. 2017. 改性煤渣对含氟废水吸附性能的研究. 山东化工, 46 (11): 181-184
傅正强. 2013. 靖远凹凸棒石吸附水溶液中 Cd(II) 性能的研究. 兰州：兰州交通大学

冯爱玲, 王海北, 赵磊, 等. 2017. 粉煤基沸石对 Cu^{2+} 吸附行为的实验研究. 有色金属工程, 7 (5): 60-64

郝喜红, 许启明, 赵鹏, 等. 2004. 粉煤灰制备 P 型分子筛工艺研究. 粉煤灰综合利用, (3): 48-49

李学峰, 朱蕾, 高焕新, 等. 2011. 不同沸石吸附铅离子的对比研究. 无机盐工业, (8): 21-24

李北罡, 胡潜龙. 2016. 粉煤灰/ZnO 复合材料对活性艳蓝 KN-R 的吸附性能. 中国矿业大学学报, (2): 418-425

李冰川. 2015. 阜新天然沸石的改性及除氟试验研究. 阜新: 辽宁工程技术大学

李冰川, 马志军. 2015. 载铝改性沸石除氟的热力学和动力学机理研究. 硅酸盐通报, 34 (2): 370-375

李玲慧. 2017. Fe_3O_4/TiO_2 磁性纳米粒子的制备及吸附重金属性能研究. 北京: 北京化工大学

李倩, 李美玲. 2015. 超声波作用下用人造沸石从废水中吸附磷. 湿法冶金, 34 (4): 334-338

刘成, 胡伟, 李俊林, 等. 2014. 用于地下水除氟的羟基磷灰石制备及其除氟效能. 中国环境科学, 34 (1): 58-64

刘志昂. 2018. JSM-2100PLUS 透射电子显微镜操作方法与技巧及常见故障排除. 化学教育, 39 (22): 32-36

仇祯, 周欣彤, 韩卉, 等. 2018. 互花米草生物炭的理化特性及其对镉的吸附效应. 农业环境科学学报, 37 (1): 172-178

戎娟. 2007. 导向剂法合成低硅铝比 X 型分子筛及其应用研究. 大连: 大连理工大学

邵立荣, 宋振杨, 冯素敏, 等. 2018 天然与改性沸石对磷酸盐吸附效能及机理研究. 工业水处理, 38 (4): 64-68

宋宇. 2017. 氧化石墨烯/磁珠复合吸附材料的制备及对 Hg(II) 的吸附研究. 马鞍山: 安徽工业大学

孙丽, 梁蕾. 2011. 浅述全自动比表面积及孔分析仪的应用. 中国陶瓷工业, 18 (3): 28-29

谭俊, 边为民. 2016. 透射电镜高分辨像模拟软件原理与应用. 科技资讯, 14 (20): 134-136

汤宣林. 2013. 改性硅酸盐水泥对水中氟化物的吸附特性研究. 北京: 中国地质大学

唐芳, 梅向阳, 梁娟. 2010. 沸石吸附去除废水中的砷和氟的实验研究. 应用化工, 39 (9): 1341-1345

王春燕, 周集体, 何俊慷, 等. 2012. A 型分子筛的合成及其对镉离子的吸附性能. 催化学报, 33 (11): 1862-1869

王丹赫, 张宏华, 林建伟, 等. 2018. 四氧化三铁改性沸石改良底泥对水中磷酸盐的吸附作用. 环境科学, 39 (11): 5024-5035

王芳, 梁征, 袁波, 等. 2018. 浅谈 ICP 光谱法在钢材金属元素的检测. 化工设计通讯, 44 (2): 142-143

王静, 雷宏杰, 岳珍珍, 等. 2015. 大孔树脂对红枣汁中棒曲霉素的吸附动力学. 农业工程学报, 31 (23): 285-291

王帅, 周康峰, 刁玲玲. 2014. 沸石对水中磷吸附性能的初步研究. 环境科学导刊, 33 (5): 52-56

王韬, 李鑫钢, 杜启云. 2008. 含重金属离子废水治理技术的研究进展. 化工环保, 28 (4): 232-235

王艺洁. 2013. 凹凸棒对水体中 Ni(II) 的吸附效果研究. 兰州: 兰州交通大学

邬忠琴, 郑安民, 杨俊, 等. 2007. NMR 探针分子表征分子筛酸性的理论研究. 波谱学杂志, (4): 501-509

席承菊. 2009. 沸石的改性及其除氟性能研究. 哈尔滨: 东北林业大学

夏彬. 2018. 鄂尔多斯地区煤矸石合成 A 型沸石吸附剂及其对 Pb^{2+}、Cd^{2+} 的吸附性能研究. 呼和浩特: 内蒙古师范大学

谢孔辉. 2015. 木质纤维素/蒙脱土纳米复合材料和文冠果活性炭对 Hg(II)、Ni(II) 吸附及解吸性能的研究. 呼和浩特: 内蒙古农业大学

徐先阳, 黄维秋, 高志芳, 等. 2017. 新型吸附剂吸附正己烷性能研究. 化工新型材料, 45 (2): 107-110

许冉冉, 唐超. 2018. 铵饱和沸石的静态生物再生研究. 现代经济信息, (13): 374-375

闫秀丽. 2011. 多孔二氧化硅中空微球的制备及其农药缓释行为的研究. 西安: 陕西师范大学

杨敏, 柯俊锋, 何晓曼, 等. 2017. 氢氧化钠改性沸石对水中 Cu^{2+} 的吸附特性研究. 环境污染与防治, (3): 314-318

杨艳国, 李冰川, 马志军. 2013. 改性沸石的制备与除氟性能研究. 硅酸盐通报, 22 (7): 1649-1655

姚晨曦, 杨春信, 周成龙. 2018. Langmuir 吸附等温式推导浅析. 化学与生物工程, 35 (1): 31-35

赵凯, 郭华明, 李媛, 等. 2012. 天然菱铁矿改性及强化除砷研究. 环境科学, 33 (2): 459-468

赵良元, 胡波, 朱迟, 等. 2008. 沸石的载铁改性及饮用水除氟试验研究. 环境科学研究, (1): 168-173

詹予忠, 李玲玲, 俞晓江, 等. 2006. 活化斜发沸石吸附除水中氟的研究. 中国矿业, (2): 68-70

张翠玲, 党瑞, 贺建栋, 等. 2014. 白银天然沸石对磷的吸附机理及性能研究. 环境科学与管理, 39 (12): 104-108

张亚娜. 2017. 磁性粉煤灰纳米材料的制备及对于水溶液中 Cr^{3+}、Cu^{2+}、Ni^{2+} 的吸附脱除. 北京: 北京化工大学

张越, 林珈羽, 刘沅, 等. 2015. 生物炭对铅离子的吸附性能. 化工环保, 35 (2): 177-181

赵徐霞, 庹必阳, 韩朗, 等. 2018. 钠基蒙脱石对 Cu^{2+} 的吸附研究. 金属矿山, (3): 182-186

赵增迎, 黄成华. 2005. 沸石吸附废水中磷污染物的研究. 工业安全与环保, (12): 5-6

赵振, 许中坚, 邱喜阳, 等. 2012. 阴-阳离子有机膨润土制备及其对铅离子的吸附. 环境工程学报, 6 (12), 4405-4411

朱鹤, 周超, 王钦, 等. 2018. Fe_3O_4 磁性纳米氧化石墨烯制备及对汞 (II) 的吸附. 水处理技术, 4 (1): 48-54

Alberto F, Alfredo C, Alessandra C. 2010. Influence of operating parameters on the arsenic removal by nanofiltration. Water Research, 44 (1): 97-104

Binabaj M A, Nowee S M, Ramezanian N. 2017. Comparative study on adsorption of chromium (Ⅵ) from industrial wastewater onto nature-derived adsorbents (brown coal and zeolite). International Journal of Environmental Science & Technology, (7): 1-12

Bekkum H V, Flanigen E M, Jacobs P A, et al. 2001. Introduction to Zeolite Sicence and Techoiogy. Elsevier

Bao T, Chen T H, Wille M L, et al. 2016. Synthesis, application and evaluation of non-sintered zeolite porous filter (ZPF) as novel filter media in biological aerated filters (BAFs). Journal of Environmental Chemical Engineering, 4: 3374-3384

Elliott H A, Huang C P. 1981. Adsorption characteristic of some Cu(II) complexes on aluminosilicates. Water Research, 15 (7): 849-855

Gautam S B, Alam S, Kamsonlian S. 2016. Adsorption of As(III) on Iron Coated Quartz Sand: Influence of Temperature on the Equilibrium Isotherm, Thermodynamics and Isosteric Heat of Adsorption Analysis. International Journal of Chemical Reactor Engineering, 14 (1): 289-298

Gallios G P, Tolkou A K, Katsoyiannis I A, et al. 2017. Adsorption of Arsenate by Nano Scaled Activated Carbon Modified by Iron and Manganese Oxides. Sustainability, 9 (10): 1-18

Ho Y S, Porter J F, Mckay G. 2002. Equilibrium Isotherm Studies for the Sorption of Divalent Metal Ions onto Peat: Copper, Nickel and Lead Single Component Systems. Water Air & Soil Pollution, 141 (14): 1-33

Huang C P, Ostovic F B. 1978. Removal of cadmium II by activated carbon adsorption. Journal of the Environmental Engineering Division, 104 (5), 863-878

Hui K S, Chao H Y C, Kot S C. 2005. Removal of mixed heavy metal ions in wastewater by zeolite 4A and residual products from recycled coal fly ash. Journal of Hazardous Materials, 127, (1): 89-101

Ismael I. S. 2010. Synthesis and characterization of zeolite X obtained from kaolin for adsorption of Zn(II). Chinese Journal of Geochemistry, (29): 130-136

Kooh M R R, Dahri M K, Lim L B L, et al. 2016. Batch adsorption studies of the removal of methyl violet 2B by soya bean waste: isotherm, kinetics and artificial neural network modelling. Environmental Earth Sciences, 75 (9): 1-14

Lin C Y, Yang D H. 2002. Removal of pollutants from wastewater by coal bottom ash. Journal of Environmental Science and Health Part A, 37 (8), 1509-1522

Li T T, Liu Y G, Peng Q Q, et al. 2013. Removal of lead(II) from aqueous solution with ethylenediamine-modified yeast biomass coated with magnetic chitosan microparticles: Kinetic and equilibrium modeling. Chemical Engineering Journal, 214 (4): 189-197

Mosbah R, Sahmoune M N. 2013. Biosorption of heavy metals by Streptomyces species-an overview. Central European Journal of Chemistry, 11 (9): 1412-1422

Monier M, Nawar N, Abdel-Latif D. 2010. Preparation and characterization of chelating fibers based on natural wool for removal of Hg(II)、Cu(II) and Co(II) metal ions from aqueous solutions. Journal of Hazardous Materials, 184, (1): 118-125

Vijayaraghavan K, Yun Y S. 2008. Bacterial biosorbents and biosorption. Biotechnology Advances. 26 (3): 266-291

Wang S, Soudi M, Li L, et al. 2006. Coal fly ash conversion into effective adsorbents for removal of heavy metals and dyes from wastewater. Journal of Hazardous Materials, 133 (1-3): 243-251

Wdowin M, Franus M, Panek R, et al. 2014. The conversion technology of fly ash into zeolites. Journal of Clean Technologies &Environmental, 16: 1217-1223

Yan H, Zeng X F, Guo L L. 2018. Heavy metal ion removal of wastewater by zeolite-imidazolate frameworks. Separation and Purification Technology, (194): 462-469

Yuan Y H, Lun J Y, Yu J L, et al. 2019. Effect of SiO_2/Al_2O_3 ratios of HZSM-5 zeolites on the formation of light aromatics during lignite pyrolysis. Fuel Processing Technology, 188: 70-78

Yang L, Kong F L, Xi M, et al. 2016. Energy Analysis of typical decentralized Wastewater treatment system in Rural areas-A case study of soil Rapid infiltration system in Qingdao. Resources and Ecology, 7, (4): 309-316

第 5 章

研究结论与展望

5.1 各地煤矸石合成沸石的研究结论

5.1.1 合成 A 型沸石

1. 鄂尔多斯地区煤矸石（A 样）

A 型沸石吸附剂在较低硅铝比条件下可以被合成，合成的 A 型沸石在热力学上属于亚稳体系，晶化温度太高容易转变成 SOD 沸石，且 A 型沸石在中性或弱碱性介质中较稳定。因此选择调整初始物料的硅铝比为 1.5，在晶化温度 85～95℃，体系的碱度为 $n(Na_2O)：n(SiO_2) = 1.0$，晶化反应 8h 时，可以合成出纯相 A 型沸石。

通过产品的 XRD、SEM、FT-IR 数据显示，在最佳条件下合成了纯度较高、晶型完整、颗粒大小均匀，呈立方体结构的 A 型沸石吸附剂。产品的 BET 测试表明，合成的 A 型沸石孔径均一，其比表面积约为 $4m^2/g$。可作为一种良好的吸附剂应用于重金属废水处理。

2. 乌海地区煤矸石（B 样）

以乌海地区煤矸石合成 A 型沸石的最佳制备条件为：焙烧温度为 900℃，焙烧时间为 2h，晶化温度为 100℃，晶化时间为 7h，$n(Na_2O)：n(SiO_2) = 1.5$，$n(SiO_2)：n(Al_2O_3) = 2$。制得 A 型沸石的结晶度高，结构清晰完整、棱角分明的立方体晶型。

通过对煤矸石和所合成的 A 型沸石的表征分析可知：煤矸石中的硅铝含量达 67.06%，且物质的量比接近于 2，是合成 A 型沸石的廉价材料。所制得 A 型沸石的结晶度较好，是表面光滑，棱角分明的正六面体结构。红外光谱中在

300～1300nm 中有 A 型沸石的晶格振动，A 型沸石的比表面积为 $5.499m^2/g$，孔容为 $0.040cm^3/g$，孔径分布在 0.4～0.8nm 之间，属于微孔材料。

3. 乌海地区煤矸石（C 样）

将煤矸石粉末置于瓷坩埚放于马弗炉中，在 750℃条件下焙烧 2h，自然冷却后称取焙烧后样品 3.000g，通过添加适量的 SiO_2、NaOH 和蒸馏水调节体系的硅铝比、钠硅比和水钠比分别为 2.3、1.9 和 45，在 50℃下搅拌陈化 1.5h 后，转入反应釜中置于烘箱中，在 80℃的温度下晶化 7h，自然冷却后经多次水洗至中性后，于干燥箱中干燥即得 NaA 沸石。

XRD、SEM 结果显示，产物是棱角分明、粒径均一并呈立方体结构的 NaA 沸石，与 NaA 沸石标准卡片吻合度较高。由 BET 测试结果可知合成的 NaA 沸石同时存在微介孔结构，微孔孔径主要集中在 1.8784nm，介孔孔径主要集中在 3.9206nm，孔容为 $0.029cm^3/g$，比表面积为 $4.067m^2/g$。

5.1.2 合成 X 型沸石

1. 赤峰地区煤矸石（D 样）

以该地区煤矸石为原料，通过碱融熔-水热合成法合成 X 型沸石。通过控制变量法对焙烧时间、焙烧温度、钠硅比 $n(Na_2O):n(SiO_2)$、硅铝比 $n(SiO_2):n(Al_2O_3)$、碱度比 $n(H_2O):n(Na_2O)$、晶化时间、晶化温度等条件进行优化。利用 XRD、SEM 等表征方法确定以赤峰地区煤矸石合成 X 型沸石的最佳制备条件为：焙烧温度为 700℃、焙烧时间为 2.0h、钠硅比 $n(Na_2O):n(SiO_2) = 1.8$、硅铝比 $n(SiO_2):n(Al_2O_3) = 2.8$、碱度比 $n(H_2O):n(Na_2O) = 28$、晶化温度为 100℃、晶化时间为 8.0h。结果显示：合成的沸石是表面光滑、结构完整、晶型单一的 X 型沸石。

根据 XRD、SEM、FI-IR、EDS 测定的数据显示，在最优的制备条件下合成的 X 型沸石度较高、晶型完整、颗粒大小均匀，呈棱角分明的八面体结构；BET 的结果显示：合成的 X 型沸石孔径均一，其比表面积约为 $354.8m^2/g$，最可几孔径为 3.8nm，为介孔材料。

2. 呼伦贝尔地区煤矸石（E 样）

以该地区煤矸石为原料，在不添加硅源和铝源的条件下，通过控制变量法对合成沸石的影响因素即焙烧温度、碱灰比、碱浓度比、陈化时间、晶化温度、晶化时间进行优化。结果表明：在焙烧温度为850℃、碱灰比为1.2、碱浓度比为3.0、陈化时间16h、晶化温度100℃、晶化时间9h的情况下，合成的X型沸石颗粒大小均匀、晶形完整、棱角分明、结晶度高。

将X型沸石进行XRD、SEM、IR分析表明：在最佳合成条件下制备的沸石表面光滑、结构完整、晶形单一、杂质少，呈正八面体结构。

5.1.3 合成LSX型沸石

乌海地区煤矸石中硅铝氧化物含量为67.06%，硅铝物质的量之比约为0.92，接近于LSX型沸石的配比。通过对合成条件的优化，确定出乌海地区煤矸石制备LSX型沸石的最优条件为：焙烧温度为700℃、焙烧时间为2h、硅铝比1.1、碱硅比为3.75、钠钾比为0.79、水碱比为20、陈化温度为60℃、陈化时间为30h、晶化温度为100℃、晶化时间为4h。在此条件下合成的LSX型沸石颗粒大小均匀、棱角分明、晶形完整且杂质较少。

通过对煤矸石和合成沸石进行XRD、SEM、BET、IR和TEM的表征可知合成沸石的形貌完整、大小均一，比表面积为400.978m^2/g，最可几孔径为3.828nm，有清晰的晶格振动，晶格间距为0.3639nm，其化学式为$K_7Na_{47}Al_{57}Si_{52}O_{351}$。

5.2 研 究 展 望

煤矸石作为产量巨大的固体废弃物，长期的堆放不仅占用土地资源而且煤矸石中含有的硫化物会以二氧化硫和硫化氢等形式释放到大气中污染环境，重金属离子也会释放到土壤中，但煤矸石中含有大量的硅铝酸盐的成分可以用来作为制备沸石的廉价原料。为了实现理论运用于实践，对后续研究有如下建议。

（1）对合成沸石的方法进行进一步探索，探究不同的合成方法对沸石合成的影响，以期合成出纯度较高的沸石，通过改性等方式提高沸石的比表面积及孔径，使其具有更好的吸附能力。

（2）目前以内蒙古地区煤矸石合成的沸石种类为A型和X型、LSX型，可尝试采用不同的方法（微波辅助法、添加导向剂等）合成更多种类的沸石（Y型、P型、ZSM-5沸石），从而扩大应用范围。

（3）沸石应用在废水吸附领域时，同时对多种离子进行吸附，不同离子之间是否存在拮抗作用，沸石吸附废水中重金属离子、氮磷的吸附机理需要进一步进行探究。

（4）沸石在吸附废水后的妥善处理问题及再生时交换下来的重金属离子、氮磷的回收处理问题需进一步进行探究，以防造成二次污染。

（5）内蒙古地区煤矸石合成的沸石在对重金属离子、氮磷的吸附研究已较为成熟，可将应用领域扩大到有机污染物（有机染料、苯胺、蒽、酚类等）、有毒有害气体及温室气体（甲醛、二氧化碳等），使内蒙古地区煤矸石合成沸石吸附剂及其吸附性能研究更加完善。

资助项目：

1. 内蒙古师范大学七十周年校庆学术著作出版基金资助。

2. 国家自然科学基金项目：内蒙古地区煤矸石合成沸石基吸附剂及其吸附性能研究（项目编号：21567020）。

3. 内蒙古自治区水环境安全协同创新中心资助（项目编号：XTCX003）。

4. 内蒙古自然科学基金：内蒙古地区煤矸石合成沸石基吸附剂及其吸附性能研究（项目编号：2012MS0619）。

实验平台：

内蒙古自治区环境化学重点实验室。